铝合金脉冲电弧焊工艺与控制

朱 强 姚 屏 金 礼 吴立华 著

西北工業大學出版社

西 安

【内容简介】 本书由长期从事铝合金材料熔化极惰性气体保护焊技术研究的一线科研人员编写而成。铝合金材料在国民生产、生活中的应用越来越广泛，本书从数字化铝合金电源硬件设计、软件控制、焊接工艺优化和焊接过程稳定性评价等方面出发，详细介绍了铝合金焊接技术的发展与创新。双脉冲铝合金焊接技术出现较早，已经应用于现今主流的铝合金焊接电源中，取得了良好的焊接效果。针对薄板铝合金材料，本书详细介绍了近年来提出的正弦波和高斯波焊接新技术，并通过大量工艺对比试验验证了这两种新技术的优越性，说明这些新技术有广阔的发展前景。本书最后对铝合金电弧增材制造也做了初步尝试。

本书适合从事机器人焊接、铝合金焊接和电弧增材制造技术研究的教学科研人员、工程技术人员和高校学生学习参考。

图书在版编目(CIP)数据

铝合金脉冲电弧焊工艺与控制 / 朱强等著. — 西安：西北工业大学出版社，2022.10

ISBN 978-7-5612-8424-7

Ⅰ. ①铝… Ⅱ. ①朱… Ⅲ. ①铝合金-金属材料-应用-脉冲焊-电弧焊-焊接工艺 Ⅳ. ①TG444

中国版本图书馆 CIP 数据核字(2022)第 216285 号

LÜHEJIN MAICHONG DIANHUHAN GONGYI YU KONGZHI

铝合金脉冲电弧焊工艺与控制

朱强 姚屏 金礼 吴立华 著

责任编辑：王梦妮 **策划编辑：**杨 睿

责任校对：高茸茸 **装帧设计：**李 飞

出版发行：西北工业大学出版社

通信地址：西安市友谊西路 127 号 邮编：710072

电 话：(029)88491757，88493844

网 址：www.nwpup.com

印 刷 者：广东虎彩云印刷有限公司

开 本：787 mm×1 092 mm 1/16

印 张：8.625

字 数：226 千字

版 次：2022 年 10 月第 1 版 2022 年 10 月第 1 次印刷

书 号：ISBN 978-7-5612-8424-7

定 价：45.00 元

前　言

铝合金材料和普通黑色金属材料相比，具有质量轻、强度高、密度小、抗腐蚀性好和回收再利用方便等特点，目前在汽车工业、机械制造、航空航天、化学及船舶制造业中已大量应用。与黑色金属材料相比，铝合金材料焊接过程较困难，焊缝比较容易形成气孔、夹渣、焊塌和焊穿等缺陷，焊缝中的氢气孔更是危害极大、极难以避免的常见缺陷，这些问题一直是其广泛使用的最大障碍。本书针对铝合金焊接难点，研究了铝合金弧焊电源的硬件设计、控制策略和多种焊接电流波形调制与优化方法，并通过工艺试验验证了电流波形调制方法对多种厚度铝合金材料焊接都有较好的改进效果，同时，介绍了电流波形调制技术在铝合金电弧增材制造中的应用。

本书内容汇集了课题组近年来在铝合金脉冲电弧焊方面的最新研究成果，共有6章，第1章介绍了铝合金弧焊电源的硬件设计以及各种改进的PID控制技术，第2章验证了适合于铝合金焊接的双脉冲参数优化工艺，第3章介绍了铝合金脉冲MIG焊的梯形波和后中值波形控制，第4章介绍了在铝合金薄板焊接中效果不错的正弦波电流波形调制策略，第5章介绍了一种新型的铝合金焊接高斯波电流波形调制模型，第6章对电流波形调制技术在铝合金增材制造中的应用进行了探索。

其中，第1章由姚屏和吴立华编写，第2章由姚屏编写，第3章至第5章由朱强编写，第6章由金礼编写。全书由朱强负责统稿，由吴立华负责参考资料的整理工作。

在编写本书过程中参阅了大量文献，在此向相关作者表示感谢。

由于水平有限，书中不足之处在所难免，恳请读者批评指正。

著　者

2022年4月

目　　录

第1章 铝合金弧焊电源设计及控制策略

数字化铝合金弧焊电源是逆变技术和先进处理器技术相结合，采用智能化控制技术，以软件的方式实现弧焊电源各种功能的新型电源。电源稳态输出电流与输出电压的关系是弧焊电源的外特性，外特性对电源电弧稳定燃烧及焊接参数稳定有重要影响，是优良焊缝成形的保障。弧焊电源设计要保证其外特性的稳定，同时，弧焊电源外特性形状还关系到弧焊电源的引弧性能、熔滴过渡过程和使用安全性等，这些是确定电源外特性的根据。电弧静特性需选择适当形状的弧焊电源外特性与之相配合，这样才既能满足系统的稳定条件，又能保证焊接工艺参数的稳定。

对弧焊电源电气特性和结构的基本要求是：弧焊电源具有优良的动特性、灵活可调的外特性、稳定的工艺调节性能、快速的“空载-负载-空载”切换特性和较大的功率输出。基于软开关电路拓扑结构的全桥逆变器正好具有这些特性，其实现软开关基本思想是：在常规脉宽调制(Pulse Width Modulation，PWM)变换器拓扑基础上，充分利用器件本身的寄生参数，增加谐振网络，在功率器件开关过渡过程中实现谐振换流，使开关器件在开关变换过程中实现软开关，保证较低开关损耗，而在开关管开通之后，采用 PWM 调制方式，由于谐振过程极短，基本不影响 PWM 技术的实现，既保持了 PWM 技术的特点，又实现了软开关换流。目前移相全桥软开关电路是实现谐振软开关与 PWM 两种特性完美结合的重要电路拓扑。

1.1 铝合金弧焊电源总体结构设计

合理的硬件结构设计是保证弧焊电源性能稳定的重要基础。通过模块化设计，能够增强系统的稳定性，同时提升系统功能可兼容性，降低检测与维修难度。本章的铝合金数字化弧焊电源电路采用模块分析与设计方法，同时借助 Simulink 电路仿真工具，展开建模工作与仿真工作。微控制器(Microcontroller Unit，MCU)、现场可编程门阵列(Field Programmable Gate Array，FPGA) 和数字信号处理器(Digital Signal Processing，DSP)是当前数字化逆变电源常用的控制芯片。DSP 因其计算速度快的特点，成为首选核心控制器，存在下列优点：

(1)DSP 采用哈佛结构，数据段与程序段分离，程序处理时采用流水线技术，能够提升响应速度，增强系统控制的精准性，系统时序控制更加精确，有利于焊接过程稳定和精细波形控制。

(2)DSP 丰富的外设减少了弧焊电源设计芯片的使用量，硬件设计环节更加简单，结构更加简洁，降低了设计成本。

DSP 内部采用哈佛结构，兼具高速处理速度和灵活的软件编程能力，不仅有效改善了 MCU 性能难以满足实时控制的情形，还有强于 FPGA 数字信号处理运算的能力，能较为轻松地实现各种高级算法。数字化弧焊电源所有反馈和给定信号都由 DSP 处理,有电流反馈、电压反馈、脉冲参数给定等 AD 采样输入,包括送丝速度给定和焊接电流 DA 给定输出,此外还有各种检测、中断信号输出。除此之外,核心处理器还要完成实时信号处理和电流控制、人机界面通信等工作,因此对处理速度要求很高。综合考虑,选择 TI 公司的高性能 32 位定点数字信号处理器 TMS320 F2808 作为控制核心处理器,它是一种应用广泛、技术成熟的 DS,最高工作主频达到 100 MHz,指令周期为 10 ns,处理器内嵌一个 16×16 位和 32×32 位的乘法器及乘积累加运算器(Multiply Accumulate, MAC),可以在一个指令周期内完成 32×32 位乘法进行累加运算,完全能满足数字化电源控制要求。根据上述需求分析,设计了如图 1-1 所示的铝合金数字化弧焊电源总体结构,具体实现方法为:以高性能 DSP 芯片 TMS320 F2808 作为控制核心,通过软件实现有限双极性软开关 PWM 脉冲,将输出的 PWM 脉冲由光耦隔离放大,驱动全桥逆变主电路绝缘栅双极型晶体管模块(Insulated Gate Bipolar Transistor,IGBT)高频开关,通过调节占空比,实现对输出电压电流调节。数字化面板通过 ARM(Advanced RISC Machine)处理器处理信号,系统留有一个联合测试工作组接口(Joint Test Action Group,JTAG)调试程序。

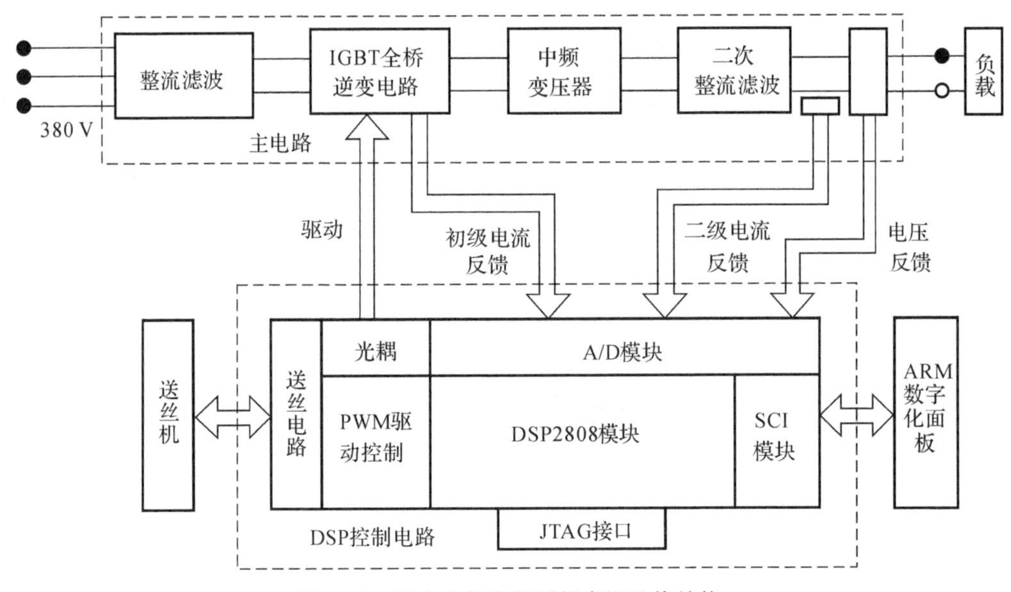

图 1-1 铝合金数字化弧焊电源总体结构

1.2 铝合金弧焊电源硬件系统

1.2.1 电源模块功能分析

电源系统工作过程是:按照控制面板上所选择的电流大小、焊丝类型、焊接工艺等信息,在内部储存的专家数据库中找到相应程序段,使 DSP 产生 PWM 驱动信号,驱动信号经调理放大使全桥逆变电路中两组IGBT模块产生20 kHz中频的交流电，经中频变压器降压，并整流滤波后，输出所需焊接的电流。该方案优点如下：高速DSP控制核心PWM信号都直接由DSP通过编程方式输出，减少了通信等环节，最终实现脉冲熔化极惰性气体保护焊(Melt Inert Gas Welding，MIG)电源全数字化控制，使数字化焊机具有更好的一致性、动态响应性能和可扩展性；采用有限双极性软开关全桥逆变主电路，减小了逆变器件的冲击和功耗，可有效提高效率；利用DSP强大的信号处理能力，以及软件灵活实现各种控制算法，可以探索和试验各种复杂电流控制工艺，实现复杂信号处理算法和智能控制算法，优化焊接电源的性能；利用DSP高速处理能力，可直接实现脉冲时序控制，避免使用CAN总线通信，有利于焊接过程的稳定和精细波形的控制。

主电路部分包括输入整流滤波电路，IGBT全桥逆变电路，中频变压器和二次整流滤波电路；控制电路部分则由基于DSP控制的各功能电路组成，如IGBT驱动电路、信号采样反馈电路、送丝电路、监测电路等。为保证电源的抗干扰能力，系统设计为闭环控制，焊接电流电压信号经A/D通道采样滤波返回DSP，DSP根据不同焊接工艺对反馈信号和给定信号进行PID运算，通过PID运算产生的控制量对IGBT驱动信号占空比进行调节，从而控制电流和电压的输出。此外，根据系统需要，在控制系统中还可预置工艺专家数据库系统等模块。

(1)主电路模块功能分析。逆变电源主电路设计主要有单端正激、半桥式、全桥式三种。全桥逆变结构是当前使用最广泛的结构，其谐波控制更好，功率开关元器件通过的电流小，同时输出功率大，功率管数量使用较多，电路结构较复杂。

电源一般由380 V工业用电来提供能量，在焊接电源接入状态下，三相正弦交流电源经过整流及滤波处理把380 V工业用电变成540 V直流电供给全桥逆变电路。全桥逆变电路采用IGBT有限双极性软开关控制方式，软开关技术可以在零电压或者零电流下进行开关，并减少开关损耗，提高逆变频率，并且能在几万赫兹频率范围内正常工作，避免了早期硬开关逆变技术中随着逆变频率提高而开关损耗急剧增加的情况。

(2)控制电路模块功能分析。IGBT驱动电路是控制电路和主电路的桥梁，直接影响IGBT正常运行，本书选用脉冲变压器隔离驱动电路，IGBT管逆变频率为20 kHz。其功能是将控制系统产生的PWM信号隔离、放大，从而有效地控制主电路全桥逆变模块IGBT的开通和关断。采用IGBT后，开关损耗能有效降低，运行效率得到提升，电源安全性和可靠性也得到了保障。

信号采样反馈电路包含了电流和电压信号采集反馈电路，为了保障焊接过程的稳定性，减少焊接过程受到的各种干扰，合理设计采样反馈电路非常重要。霍尔传感器既可以对交流电也可以对直流电进行测量，线性好，是电流采集的首选，电流采样反馈信号在进入DSP控制器A/D通道前要进行隔离与滤波；电压反馈电路采用电容和共模电感滤波对输入电压信号进行滤波，经过分压和快速光耦隔离后送给DSP控制器。

送丝电路控制对于电弧的弧长稳定至关重要，送丝机控制由DSP产生PWM信号直接控制。焊接过程要求送丝速度和焊丝融化速度一致，能够达到动态平衡。铝合金焊接过程中，温度过高，电流或者电压过大都会对电源产生损害，保护电路可用来避免上述损害发生，具体有IGBT模块温度过高保护电路、过流保护电路和网压异常保护电路等。下面具体介绍电源主电路、移相软开关IGBT驱动电路以及送丝电路与保护电路。

1.2.2 电源主电路

主电路采用整流→逆变→变压→整流拓扑，包括输入整流电路、滤波电路、逆变电路、变压器二次整流滤波输出电路。铝合金弧焊电源主电路结构如图 1-2 所示。

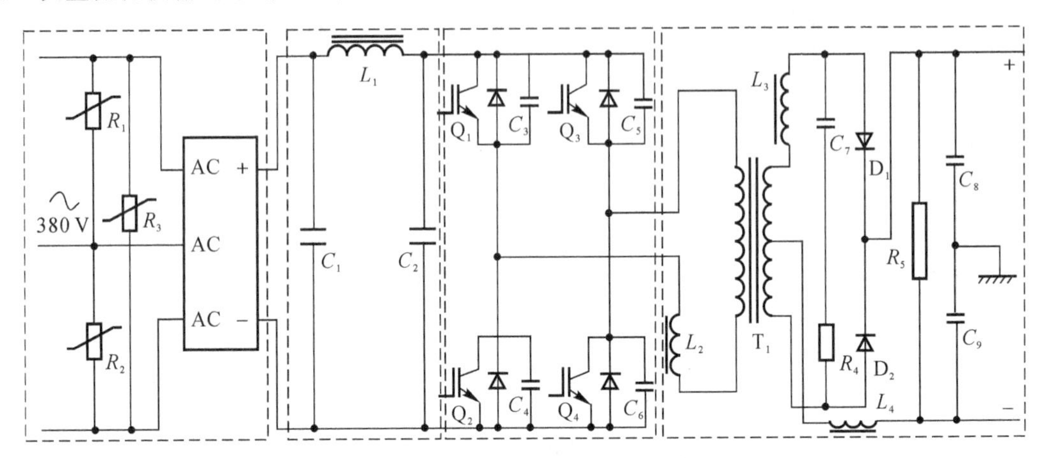

图 1-2 铝合金弧焊电源主电路结构

在图 1-2 中：主电路输入工频为 50 Hz 的 380 V 三相交流电，前级电路中的 R_1、R_2、R_3 是压敏电阻，防止电路输入过压，起到保护电路的作用；C_1、C_2、L_1 组成 π 型滤波电路，输出稳定的 540 V 直流电压，经逆变过程输出频率为 20 kHz 的交流电。逆变在整个过程中尤为关键，由于 IGBT 综合性能优越，开关频率快、驱动方便，适用于大功率电路，所以选择 IGBT 作为开关管，型号为 SKM100GB128SD。再经过中频变压器降压、全波整流可以得到低电压大电流。中频变压器的设计也是较为关键的，结合电路中的耐压值和频率要求，采用铁基材料作为磁芯。

1.2.3 移相软开关 IGBT 驱动电路

IGBT 开关管在功率逆变电路中起到了关键性的作用，选择合适的功率开关器件，对铝合金弧焊电源的整体性能有着非常重要的影响。IGBT 开关管的选择需要考虑到 IGBT 开关管模块的静态散热能力、截止电压大小、峰值电流大小、结温大小等。功率开关管在连续工作时，会产生大量热量，需要通过有效的散热方式进行散热，以防止 IGBT 因温度过高而烧坏开关管，此时 IGBT 需要安装在散热器上，同时 IGBT 结温设计一般要满足负载持续率和非常规试验短路冲击要求，一般焊机负载持续率为 60%，工作周期为 10 min，则其负载持续率为 6 min。

国内的 IGBT 逆变焊机大部分采用德国西门子或赛米控的 IGBT，本设计选用 SKM100GB128SD，额定电流为 100 A、耐压值为 1 200 V。除特殊说明外，参数均在壳温 25℃ 时定义。其具体参数如下。

(1)耐压值：1 200 V。

(2)最大稳态电流 I_c：壳温为 25℃ 时，电流为 140 A；壳温为 80℃ 时，电流为 105 A。

(3)可重复的集电极电流峰值 I_{CM}：在脉冲运行状态(脉宽 t_p = 1 ms)下，壳温为 25℃ 时，电流为 290 A,壳温为 80℃时,电流为 210 A。

(4)驱动电压范围为±20 V。

(5)结温 T_j、存储温度范围 T_{stg}分别为−40～150℃,−40～125℃。

(6)绝缘电压:指模块端子与极板之间的耐压值为 AC 4 000 V,持续 1 min。

逆变电路是关键的功率变换电路,驱动信号是由 TMS320F280049 芯片产生 PWM 信号波形,但是该电信号不足以开启 IGBT,因此设计了 IGBT 驱动电路,在保证占空比不变的情况下放大 PWM 信号,控制 IGBT 的导通与关断。IGBT 驱动电路连接控制电路,只有在 IGBT 驱动电路设计良好的情况下,才能保证 PWM 信号波形不失真的放大。本设计采用脉冲变压器隔离驱动电路,该电路拓扑工作比较稳定,相比光耦隔离型驱动设计较为简单,且驱动效果较好。脉冲变压器隔离驱动电路拓扑如图 1-3 所示。

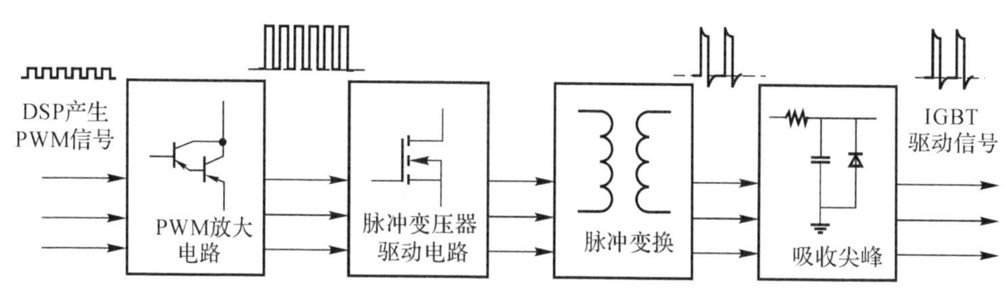

图 1-3 脉冲变压器隔离驱动电路拓扑

前面对 IGBT 进行了分析与选型,对逆变电路提供高频变换。电路中转换效率是衡量弧焊电源质量的一个重要指标,由于开关管的存在,势必会产生开关损耗。开关的方式主要有硬开关和软开关,两者开通与关断的电流-电压波形如图 1-4 所示。图 1-4(a)为硬开关管的导通与关断过程开关管的电流-电压变化波形。在导通和关断的过程中,电压和电流不会立即变为 0,因此会造成功率损耗。随着频率的增加,硬开关造成的功率损耗会大大增加。近年来出现了软开关技术,并在开关电源中大量应用,其开关过程如图 1-4(b)所示。在开通和关断过程中大幅度减小电压和电流重叠区域,减小功率损耗,为高频化提供条件。

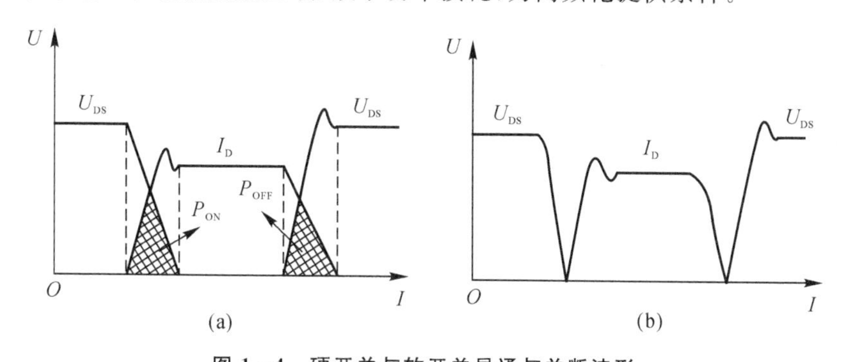

图 1-4 硬开关与软开关导通与关断波形

(a) 硬开关导通与关断波形; (b) 软开关导通与关断波形

电源选择全桥式功率逆变电路拓扑结构,移相全桥软开关主电路结构如图 1-5 所示。其中 L_0 为谐振电感,包括变压器的漏感,L_1 为输出电感,Q_1、Q_2、Q_3、Q_4 为 IGBT 开关管,Q_1、Q_3 为超前桥臂,Q_2、Q_4 为滞后桥臂。改变超前桥臂和滞后桥臂的导通时间,即通过改变移相角来控制电路输出波形。图 1－6 所示为 IGBT 开关管的 PWM 驱动波形示意图，U_{Q1}、U_{Q2}、U_{Q3}和U_{Q4}分别为 IGBT 驱动信号。

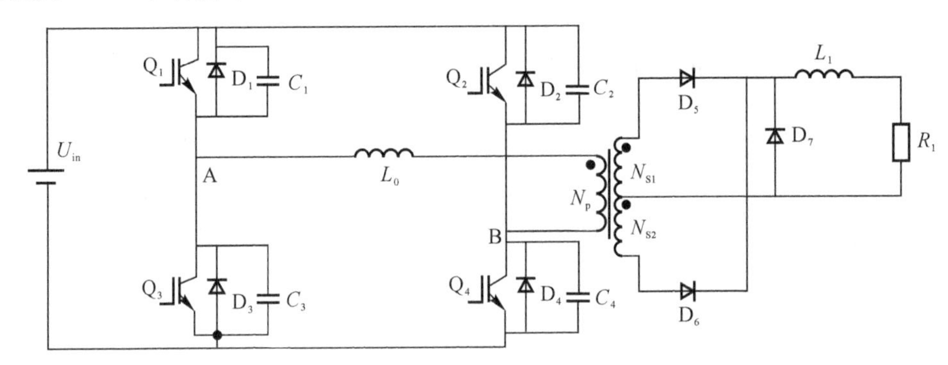

图 1－5　移相全桥软开关主电路结构

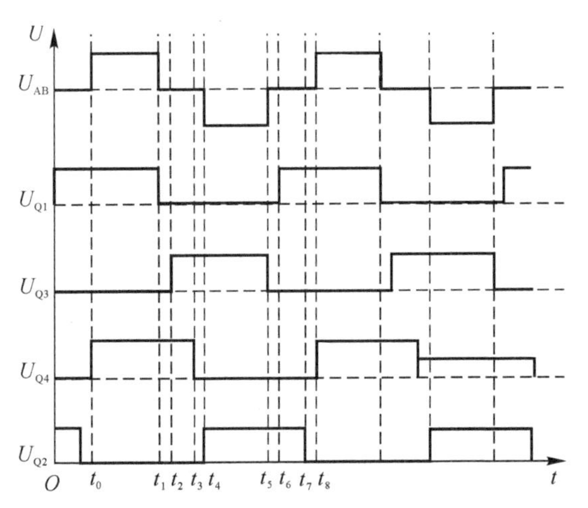

图 1－6　IGBT 开关管 PWM 驱动波形示意图

假设开关管 IGBT 和二极管均在理想状态下，即导通的管压降均为 0，则其工作模式在一个周期内有 12 种：

(1)工作模态 1。该模态是从 $t_0 \sim t_1$时刻，图 1－7 中箭头方向是该模态下电流的流动方向。在此模态时间段内，开关管 Q_1、Q_4导通，Q_2、Q_3关断。变压器原边和漏感之间的电压 U_{AB}为电源输入电压，即 $U_{AB}=U_{in}$，原边电流 i_p的值逐渐变大，在该模态结束时达到最大值。

(2)工作模态 2。此工作模态对应的时间是 $t_1 \sim t_2$时刻，电流流向如图 1－8 所示。此阶段内开关管 Q_1关闭。电容 C_1的存在使得开关管 Q_1两端电压不会立即变大，即开关管 Q_1零电压关断，电容 C_1在 t_1时刻从 0 开始充电，电容 C_3放电，流向变压器 T_1原边、漏感 L_0、开关管 Q_4，由于电感量较大，该模式下可将其视为一个恒流源。

(3)工作模态 3。此模态对应 $t_2 \sim t_3$时刻，图 1－9 所示箭头为电流流向。此模态下，二极管 D_3导通后，电感释放能量，由于感生电动势与电流方向相反，所以此时原边电流呈线性下降趋势，二极管 D_3的导通将开关管 Q_3箝位至零电压。

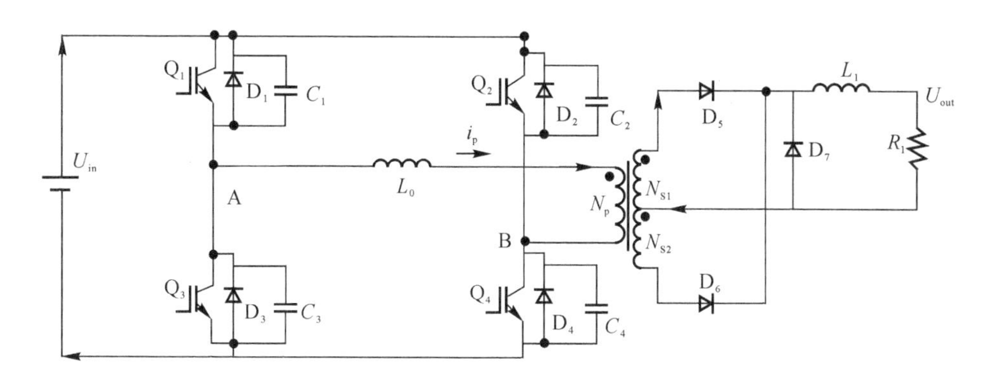

图 1-7　t_0～t_1时刻工作状态示意图

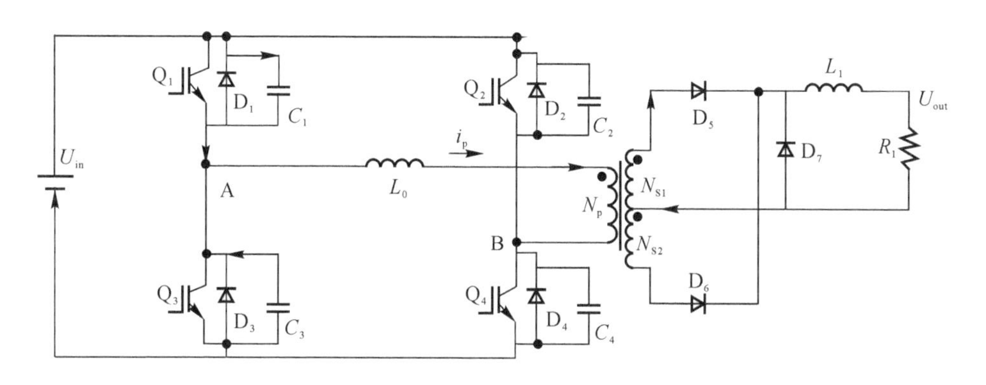

图 1-8　t_1～t_2时刻工作状态示意图

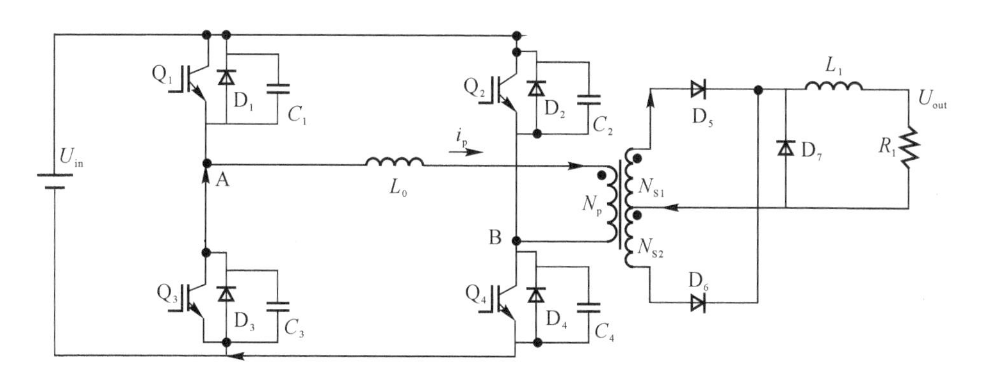

图 1-9　t_2～t_3时刻工作状态示意图

(4)开关模态 4。此模态对应 t_3～t_4时刻,图 1-10 所示为该模态下的工作方式,电路箭头方向为电流方向。在 t_3时刻,电容 C_2和 C_4产生谐振并为原边提供电流,开关管 Q_4的电压被电容 C_4箝位在零点,故为零电压关断。此模态下变压器原边电流开始减小,原边开始停止向负载提供电流。

(5)开关模态 5。此模态对应 t_4～t_5时刻,图 1-11 所示为该模态下工作状态,电路箭头为电流流向，二极管 D_2 导通，此时开关管 Q_2 的电压变为 0，为开关管 Q_2 的零电压开启做准备。此时二极管 D_5、D_6 都在导通状态，变压器副边处于短路状态，原边和副边均无电压。

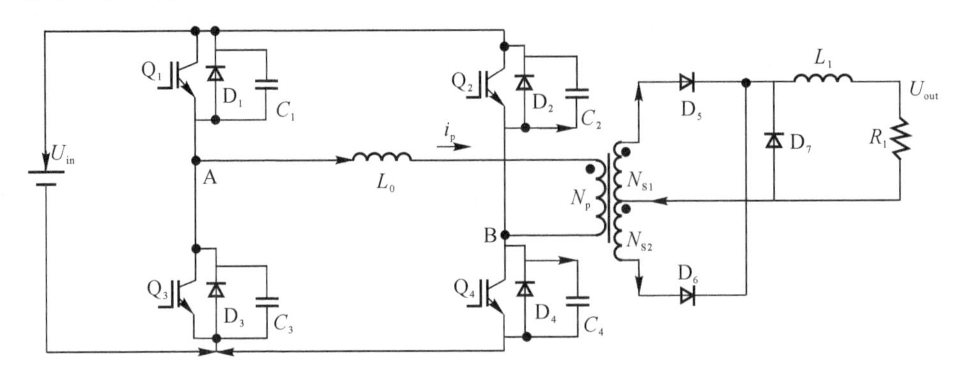

图 1-10　$t_3 \sim t_4$ 时刻工作状态示意图

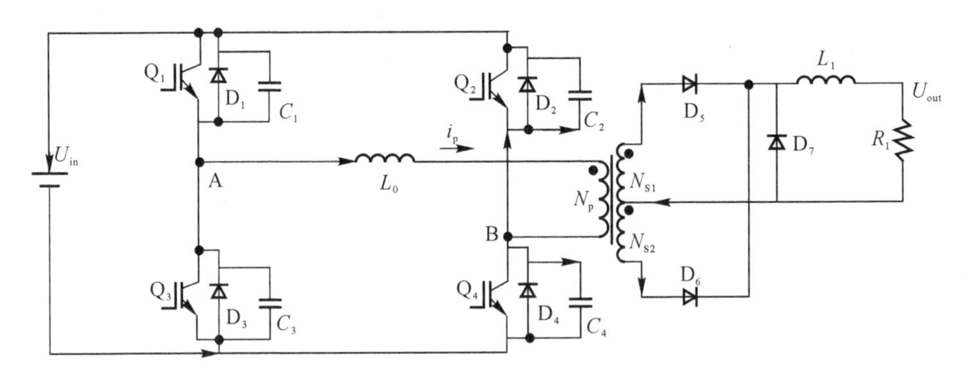

图 1-11　$t_4 \sim t_5$ 时刻工作状态示意图

(6)开关模态 6。此模态对应 $t_5 \sim t_6$ 时刻，电流流向如图 1-12 所示。因为变压器副边占空比丢失，变压器仍处于短路状态，原边电流不能为负载提供电能，变压器原边电压此时为 0。

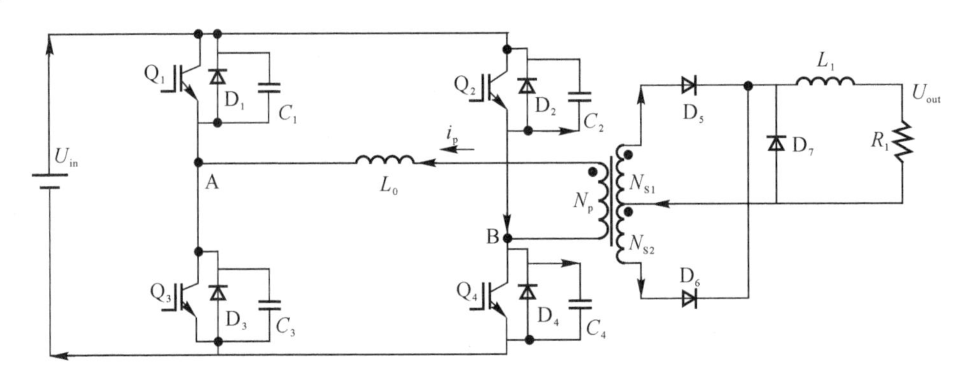

图 1-12　$t_5 \sim t_6$ 时刻工作状态示意图

(7)开关模态 7。此开关模式下对应 $t_6 \sim t_7$时刻，电源开始为负载供电，分析过程和以上类似，将开关管 Q_2和 Q_3分别用开关管 Q_1和 Q_4代替即刻。

下半周期与上半周期分析类似，不再赘述。

1.2.4　送丝电路与保护电路

送丝电路与保护电路是铝合金弧焊电源的重要组成部分，只有合适的送丝速度和焊接电流以及焊接速度相匹配才能焊接得到性能优异的焊缝，而电源功率变换电路常常容易因为过压、过流等损坏元器件，因此保护电路为电路安全运行提供了有力保障。本小节对送丝电路与保护电路加以分析。

在铝合金焊接过程中，过大的送丝速度会造成顶丝而熄弧，过慢的送丝速度会造成焊枪烧嘴而熄弧，合适的送丝速度能够准确地提供送丝，保障焊接过程顺利进行。送丝电路主要包括信号反馈电路、驱动电路、可控硅全波整流主电路和辅助电源电路等，图 1－13 为送丝电路模块原理。

图 1－13 中左侧是送丝电源输入端，电压是交流电 25 V，送丝电路模块采用稳压芯片 LM7815 和 LM224，LM7815 是三端正稳压器电路，可以输出稳定 15 V 电压，为后级电路使用，LM224 是四路运算放大器，BT151 是可控硅，它的开通与关断伴随着电压与电流的改变，进而控制作用于送丝电机的负载。若焊接过程中送丝过快或者焊接电流过小很容易造成顶丝而熄弧，当芯片 LM224 的引脚 1 变成高电平时，可控硅电路与光耦电路不能导通，此时电路中的 Q_9 被导通，迅速放电，送丝停止，从而避免了顶丝现象的出现。

保护电路在铝合金弧焊电源电路中十分重要，当电路工作出现异常状况时，以便切断电路，保护元器件。本节设计了电流检测电路、过欠压检测电路以及过热保护电路等，当检测到主电路中电压、电流、温度超过规定值时，这些电路会通过 A/D 转换将数字信号传递给 DSP 芯片，DSP 芯片发送指令给焊机停止工作以保护主电路。

开关管 IGBT 属于大功率开关器件，一般情况下 IGBT 的结温不能超过 125℃，因此开关管 IGBT 长时间工作在高温下，常因发热而不能正常工作，需要对开关管 IGBT 设计过热保护电路，过热检测与保护电路如图 1－14 所示。当散热片上的温度低于此程序设计的温度保护值时，常闭温度传感器不会导通，比较器 LM393A 输出低电平，此时光耦不导通，弧焊电源正常工作；反之，程序设定的温度保护值比散热片温度较低时，温度传感器感应到此温度并断开不导通，此时比较器会输出高电平，光耦导通，DSP 发送指令并关闭 PWM 输出，IGBT 的关断使得功率电路停止工作。

过流保护电路如图 1－15 所示。R_1、R_2 与 C_1 组成的电路是分压滤波电路，输出电流经过此电路后流入 DSP 的过流检测接口，当发生过流时，DSP 将通过中断程序立即控制 IGBT 断开，从而停止弧焊电源以保护主电路，达到控制开关管的作用。

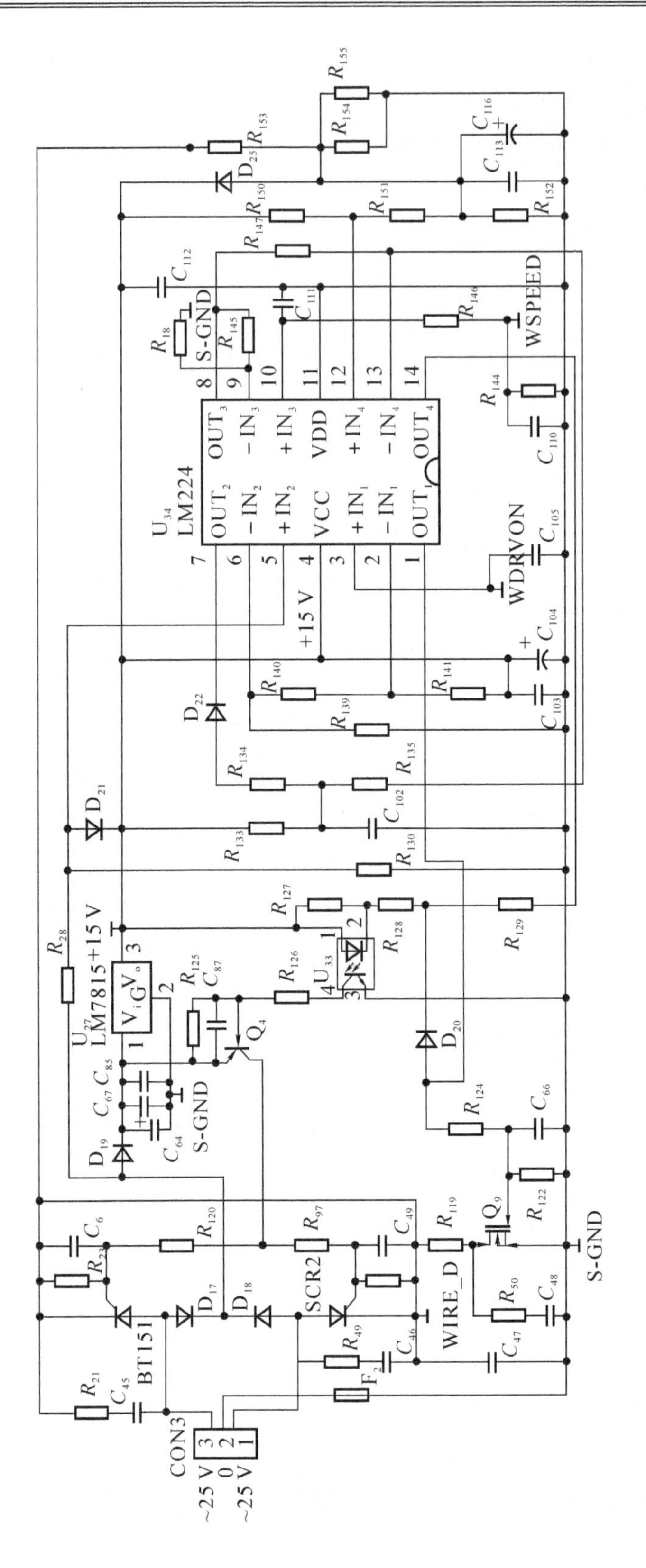

图1-13 送丝电路模块原理

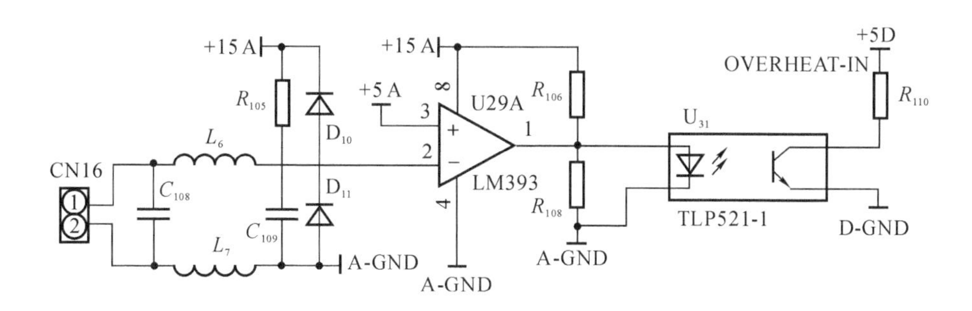

图 1－14　过热检测与保护电路

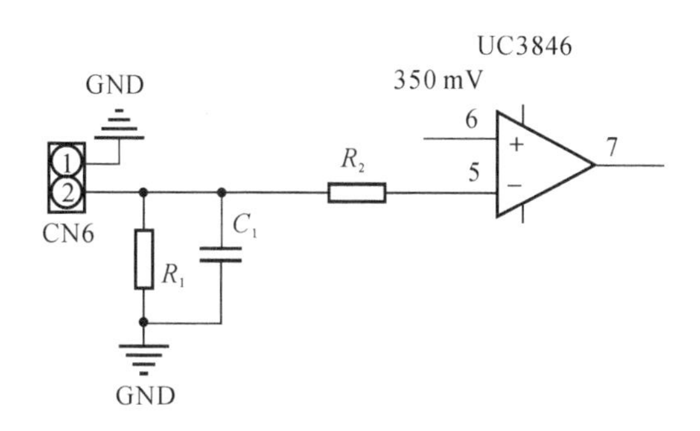

图 1－15　过流保护电路

图 1－16 所示是过欠压保护电路。LM393A 是一种双路差动比较器，输入信号 VC 与芯片上的＋5 V 电压信号比较。U28A 和 U28B 组成过欠压比较器，输出结果进行或运算，过欠压电信号产生后，就会关断光耦 U_{30}，光耦右侧电路不能正常导通而断开，导致 R_{109} 下部的电压拉高，此时在 DSP 软件程序检测到此信号后，程序跳转至相应的中断服务程序，进而切断弧焊电源工作以保护电路。

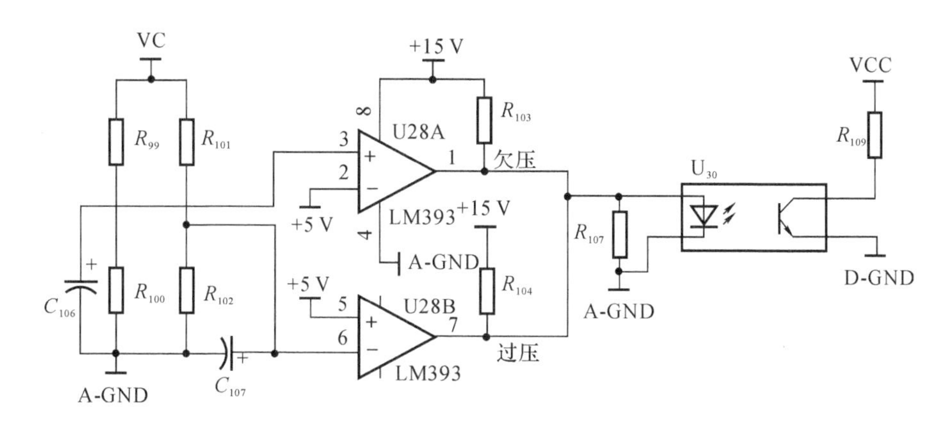

图 1－16　过欠压保护电路

1.3 铝合金焊接电源 PID 智能化控制

1.3.1 自适应模糊 PID 控制技术

PID(Proportional Integral Differential)控制技术以经典控制理论为基础,经过长期发展和运用,已成为一种理论成熟、应用广泛的控制策略,它是将偏差的比例、积分和微分通过线性组合构成控制量,对被控对象进行控制。由于其结构简单、调节方便、工作稳定、鲁棒性强,故广泛应用于工业生产过程的控制中。但是常规 PID 控制的参数一旦确定好,在整个控制过程中都是固定不变的,而焊接是一种复杂的、时变的、非线性的过程,实际应用中系统状态和参数等会发生变化,固定的 PID 参数控制技术难以实现系统最佳的控制效果。

随着现代控制理论和计算机技术的快速发展,人们把常规 PID 控制和先进的专家系统相结合,通过计算机自动调整 PID 参数,实现智能 PID 控制。智能 PID 控制既保证了常规 PID 控制结构简单的特性,同时又较大程度地提升了控制系统的抗干扰性能和适应性能。

自适应模糊 PID 控制技术是一种智能 PID 控制方法,它利用模糊数学的基本理论和方法,把规则的条件操作用模糊集的方法表示,并把这些模糊控制规则及有关信息作为知识存入规则库,然后控制器根据实际情况,运用模糊推理,克服常规 PID 控制器全局控制效果不理想的缺点。对于焊接工艺而言,自适应模糊 PID 控制是一种适用的智能控制算法。

如图 1-17 所示,自适应模糊 PID 控制器以误差 e 和误差变化 ec 作为输入,满足不同时刻的 e 和 ec 对 PID 参数自整定要求。利用模糊控制规则在线对 PID 参数进行修改,便构成了自适应模糊 PID 控制器。

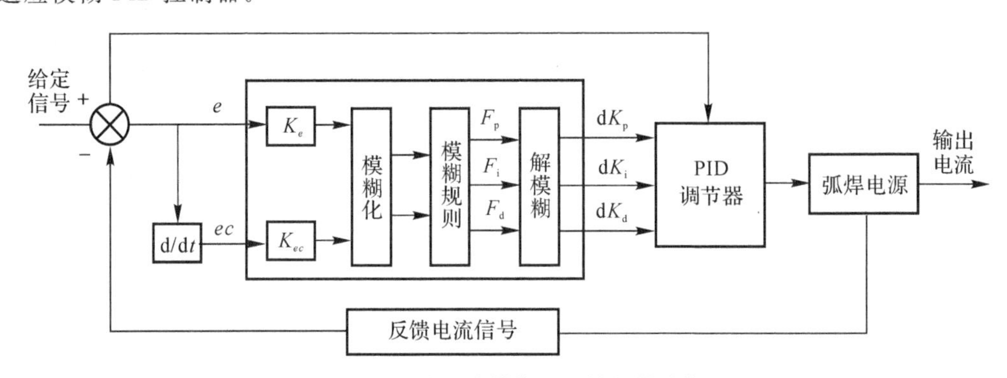

图 1-17 自适应模糊 PID 控制器结构

模糊决策前提是模糊推理,它是一种应用广泛的推理方法,本质上是一种近似变换。本控制器采用“if A and B then C”的推理法,具体表现如下。

已知模糊蕴含:$(A \wedge B) \rightarrow C$,现在给定输入 A^* 和 B^*,$A^* \in U$,$B^* \in V$,则结论为 C^*,$C^* \in W$。

$$C^* = (A^* B^*) R = (A^* B^*)(ABC) \tag{1-1}$$

解模糊化方法有加权平均法、最大隶属度平均值法、中位数法等。本书对逻辑与采用最小

MIN 法则，对逻辑或采用最大 MAX 法则，模糊判决采用加权平均法。

模糊 PID 参数的自整定是通过将模糊控制器输出的模糊调节量经量化因子解模糊后，控制 PID 参数调节量，用调节量调节前一次 PID 参数，从而实现参数自整定。应用上述规则，得到如下等式：

$$dK_p = k_p F(e_i, ec_i)_p \tag{1-2}$$

$$dK_i = k_i F(e_i, ec_i)_i \tag{1-3}$$

$$dK_d = k_d F(e_i, ec_i)_d \tag{1-4}$$

将输出控制量和 PID 控制参数相加可以得到经过模糊控制后调整的 PID 参数：

$$K_p(n) = K_p(n-1) + dK_p \tag{1-5}$$

$$K_i(n) = K_i(n-1) + dK_i \tag{1-6}$$

$$K_d(n) = K_d(n-1) + dK_d \tag{1-7}$$

这样，第 n 次采样点的控制量则可通过对 PID 参数进行调节而得

$$u(n) = K_p(n)e(n) + K_i(n)\sum_{i=0}^{n} e(n) + K_d(n)[e(n) - e(n-1)] \tag{1-8}$$

自适应 PID 参数模糊控制是找到 PID 三个参数与 e 和 ec 之间的模糊关系，在运行中通过不断检测 e 和 ec，根据模糊控制原理来对三个参数进行在线修改，以满足不同 e 和 ec 对控制参数的不同要求，从而使被控对象有良好的动态和静态性能。

1.3.2　自适应模糊 PID 控制参数优化

1. 模糊化与解模糊量化因子

为了提高系统控制精度，采用二维模糊控制器，输入分别为 e 和 ec，模糊化过程是将模糊控制器输入量 e 与 ec 通过量化因子 k_e 与 k_{ec} 从连续域转化为模糊论域，得到参与模糊推理所需论域内的输入量 F_e、F_{ec}；解模糊化则是将模糊控制器输出的 PID 参数模糊调整量 dF_p、dF_i、dF_d 通过量化因子 k_p、k_i、k_d 从模糊论域转化为连续域，用于控制系统参数调整的PID参数调整量dK_p、dK_i、dK_d。脉冲 MIG 焊反馈电流的电压大小为 0 ～ 3.5 V，通过 A/D 之后，变为 0 ～ 4 093 之间的一个值。由于实际电流范围一般为 50 ～ 450 A，因此输入的偏差 e 论域设为[－3 500,3 500]，偏差变化率 ec 的论域设为[-2.8×10^8，2.8×10^8]。根据常规脉冲 MIG 焊 PID 控制的参数整定经验，输出 dK_p 的论域设为[0,6]，输出 dK_i 的论域设为[0,80]，输出dK_d 的论域设为[0,0.001]。

为了方便起见，所有输入、输出的模糊离散论域统一取值为[－6,6]，可离散为从 －6 ～ 6 这 13 个整数等级，对应的模糊子集为

$$e, ec = \{NB, NM, NS, ZO, PS, PM, PB\} \tag{1-9}$$

子集中元素："负大"NB，多在－6 附近；"负中"NM，多在－4 附近；"负小"NS，多在－2 附近；"零"ZO，多在 0 附近；"正小"PS，多在 2 附近；"正中"PM，多在 4 附近；"正大"PB，多在 6 附近。

连续域与模糊域之间量化因子的计算分为两种情况：若连续域与模糊域都对称，则量化因子为其取值边界的绝对值之商，如 $k_e = 6/3\,000 = 0.002$，而 $k_{ec} = 1\times10^{-9}$；若连续域不对称，则量化因子为两域区间范围之比，如 $k_p = (6-0)/[6-(-6)] = 0.5$，而 $k_i = 6.7$，$k_d = 0.000\,83$。

2. 隶属函数的确定

输入输出变量隶属函数采用常用的三角形隶属函数，在偏差较大的区域，隶属函数形状为平缓型，而在偏差较小的区域，为提高控制灵敏度，隶属函数形状陡一些。所用函数主要为三角形隶属度函数，表达式为

$$\mu(x)=\begin{cases}(x-a)/(b-a), & a\leqslant x\leqslant b\\ (c-x)/(c-b), & b<x\leqslant c\end{cases} \tag{1-10}$$

通过对 e 和 ec 的分析，发现 e 和 ec 的变化主要集中在模糊域的子集[−3,3]之间。为了取得更好的控制效果，在接近 0 的位置，隶属区间取得比较窄，实行比较灵敏的控制，在较远的位置，误差较大的情况下，隶属度函数采用梯形函数，表达式为

$$\mu(x)=\begin{cases}0, & x\leqslant a\\ (x-a)/(b-a), & a<x<b\\ 1, & b\leqslant x\leqslant c\\ (d-x)/(d-c), & c<x<d\\ 0, & x\geqslant d\end{cases} \tag{1-11}$$

根据脉冲 MIG 焊的特点，电流变化范围一般在 30～450 A 之间，经过量化因子变换可以发现，e 的偏差一般大多分布在[−3,3]的区域内。故设定[−0.5,0.5]的区域为 ZO、[0,1]为 PS、[0.5,3.5]为 PM、[2,6]为 PB、[−1,0]为 NS、[−3.5,−0.5]为 NM、[−6,−2]为 NB。偏差变化率 ec 的值范围较大，但是通过数据分析发现数据一般情况下集中在[−0.1,0.1]的区域，因此 ec 的隶属曲线划分更为集中。[−0.1,0.1]为 ZO、[0,0.3]为 PS、[0.1,3.5]为 PM、[1.5,6]为 PB、[−0.3,0]为 NS、[−3.5,−0.1]为 NM、[−6,−1.5]为 NB。

3. 模糊规则确定

模糊规则的设计应从所针对系统的稳定性、响应速度、超调量和稳态精度等各方面来考虑，而相应的 PID 参数 K_p,K_i,K_d 对系统有如下作用：

(1) 比例系数 K_p 的作用是加快系统的响应速度，提高系统的调节精度。K_p 越大，系统的响应速度越快，系统的调节精度越高，但易产生超调，甚至会导致系统不稳定。反之，则会降低系统的调节精度，使响应速度缓慢，从而延长调节时间，使系统静态、动态特性变差。

(2) 积分系数 K_i 的作用是消除系统的稳态误差。K_i 越大，系统的静态误差消除越快，但 K_i 过大，在响应过程的初期会产生积分饱和现象，从而引起响应过程的较大超调。反之，将使系统静态误差难以消除，影响系统的调节精度。

(3) 微分系数 K_d 的作用是改善系统的动态特性，其作用主要是在响应过程中抑制偏差向任何方向的变化，对偏差变化进行提前预报。但 K_d 过大，会使响应过程提前制动，从而延长调节时间，而且会降低系统的抗干扰性能。

e 和 ec 不同时，被控过程对参数 K_p,K_i,K_d 自整定要求可总结为以下几点：

(1) e 的绝对值较大时，为了系统具有较好的快速跟踪性能，K_p 取值应较大，K_d 则取较小值，同时为了避免系统响应有较大超调，应限制积分作用，通常取 $K_i=0$。

(2) e 的绝对值处于中等大小时，为了使系统响应具有较小的超调，K_p 取值应较小，在此情况下，K_i 取值会对系统有较大的影响，K_d 取值适中。

(3) e 的绝对值较小时，为了使系统具有较好的稳态性能，应取较大的 K_p 和 K_i 值，同时 K_d 的取值大小决定了系统在设定值附近是否振荡，要特别注意。

根据 PID 参数整定经验，归纳总结出表 1-1 ～ 表 1-3 所示的模糊规则，其模糊化描述了任意一种 e 和 ec 组合所对应 PID 参数的整定方法。

K_p 的模糊调节量控制见表 1-1。

表 1-1　K_p 的模糊调节量控制

dF_p		ec						
		NB	NM	NS	ZO	PS	PM	PB
e	NB	PB	PB	PM	PM	PS	ZO	ZO
	NM	PB	PB	PM	PM	PS	ZO	NS
	NS	PM	PM	PM	PS	ZO	NS	NS
	ZO	PM	PM	PS	ZO	NS	NM	NM
	PS	PS	PS	ZO	NS	NS	NM	NM
	PM	PS	ZO	NS	NM	NM	NM	NB
	PB	ZO	ZO	NM	NM	NM	NB	NB

K_i 的模糊调节量控制见表 1-2。

表 1-2　K_i 的模糊调节量控制

dF_i		ec						
		NB	NM	NS	ZO	PS	PM	PB
e	NB	NB	NB	NM	NM	NS	ZO	ZO
	NM	NB	NB	NM	NS	NS	ZO	ZO
	NS	NB	NM	NS	NS	ZO	PS	PS
	ZO	NM	NM	NS	ZO	PS	PM	PM
	PS	NM	NS	ZO	PS	PS	PM	PB
	PM	ZO	ZO	PS	PS	PM	PB	PB
	PB	ZO	ZO	PS	PM	PM	PB	PB

K_d 的模糊调节量控制见表 1-3。

表 1-3　K_d 的模糊调节量控制

dF_d		ec						
		NB	NM	NS	ZO	PS	PM	PB
e	NB	PS	NS	NB	NB	NB	NM	PS
	NM	PS	NS	NB	NM	NM	NS	ZO
	NS	ZO	NS	NM	NS	NS	NS	ZO
	ZO	ZO	NS	NS	NS	NS	NS	ZO
	PS	ZO	ZO	ZO	ZO	ZO	ZO	ZO
	PM	PB	NS	PS	PS	PS	PS	PB
	PB	PB	PM	PM	PM	PS	PS	PB

4. 基于 MATLAB 自适应模糊 PID 仿真

在 MATLAB 模糊逻辑工具箱(Fuzzy Logic)中,建立一个双输入、三输出的模糊逻辑控制器,设置相应的隶属函数并录入表 1-1～表 1-3 所示的模糊规则,即可得到模糊逻辑控制器。

将模糊逻辑控制器引入已建立的 PID 控制器的 Simulink 仿真模型,使常规 PID 控制器拥有参数能够进行在线调整的功能,则实现了 PID 参数模糊自调节控制器。PID 参数自整定控制器仿真模型如图 1-18 所示(说明:因为试验仿真仪器内的设计原因,图中的字母不好修改,所以本书中此类图采用其原有格式)。

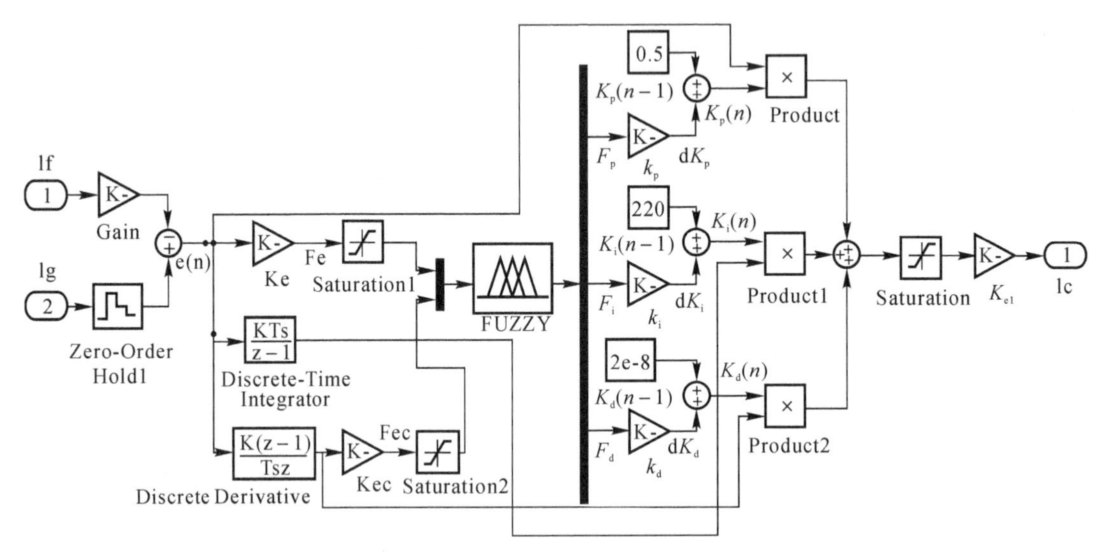

图 1-18　PID 参数自整定控制器仿真模型

为了进行控制效果对比,首先进行控制对比试验。试验条件:峰值电流为 330 A,峰值时间为 2 ms,基值电流为 85 A,基值时间为 3 ms。PID 控制参数分别为:K_p为 6,K_d为 90,在 PID 控制中,整个过程加入了微分环节,易导致控制系统振荡加大,因此仅用 PI 控制。模糊 PID 控制效果对比如图 1-19 所示。

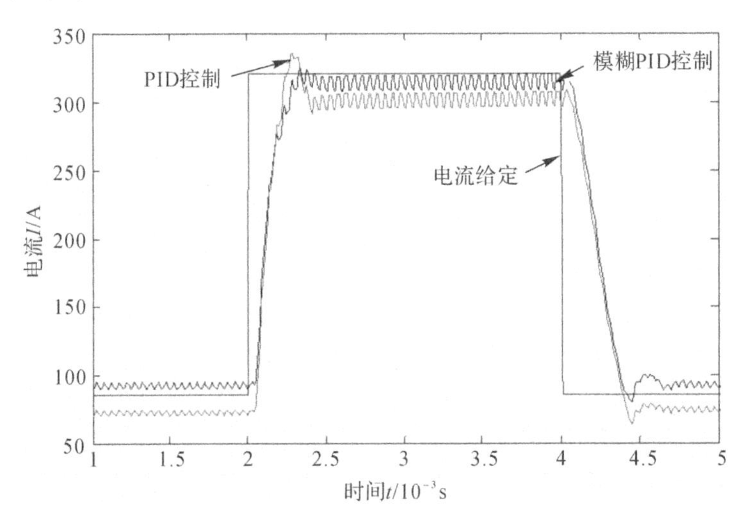

图 1-19　模糊 PID 控制效果对比

由图 1－19 可见，利用模糊 PID 控制器实现的脉冲电流波形整体效果较小，超调量很小，在上升阶段仅有 1～2 A 的尖峰。稳态误差为 5～10 A，小于普通 PID 控制的 20～25 A，响应时间均为 0.2 ms，总体控制效果较好。

1.3.3 基于蚁群算法 PID 参数优化控制

将智能控制算法大量运用到控制系统中，能够得到较好的控制效果。意大利学者 Dorigo、Maniezzo 等人在博士论文中提出了蚁群系统（Ant Colony System，ACS）。他们发现单个的蚂蚁几乎没有智能行为，而蚁群在寻找食物的过程中表现出来的行为具有某种"智力"。他们在蚁穴和食物源之间设置一个障碍，不久发现蚂蚁能很快找到最快路径到达食物源，几乎所有蚂蚁都会走在最短路径上。经过研究得知，蚂蚁会在行走路径上释放信息素，而这种信息素会对别的蚂蚁传送信息而吸引蚂蚁朝向信息素多的路径走。在相同的时间里，较短的路径上会产生大量信息素，会吸引更多蚂蚁朝向信息素多的地方行走，蚂蚁就找到了最短路径。

图 1－20 所示为蚂蚁觅食过程，假设黑色方框为蚁穴与食物源之间的一个障碍物，蚂蚁在得知食物源信息时，有两条路径：A→C→B 和 A→D→B。假设初始时刻路径上信息素都为 0，蚂蚁从这两条路径到食物源的概率一样，因此，均匀分布在这两条路径上，如图 1－20(a)所示，显然路径 A→D→B 要比路径 A→C→B 长，在相同时间里行走路径 A→C→B 的蚂蚁要比行走路径 A→D→B 的蚂蚁更快到达食物源，因此路径 A→C→B 上会留下更多信息素，会吸引更多蚂蚁选择路径 A→C→B，如图 1－20 (b)所示，最后，路径 A→C→B 上的信息素会越来越多，如图 1－20(c)所示，蚁群选择了寻找食物的最短路径。研究人员根据蚁群表现的这种智能行为而演变出来的算法就是蚁群算法。蚁群算法具有信息正反馈机制，是一种启发式全局优化算法，将其运用于电流控制方面，能够使得电流快速、稳定地传递。

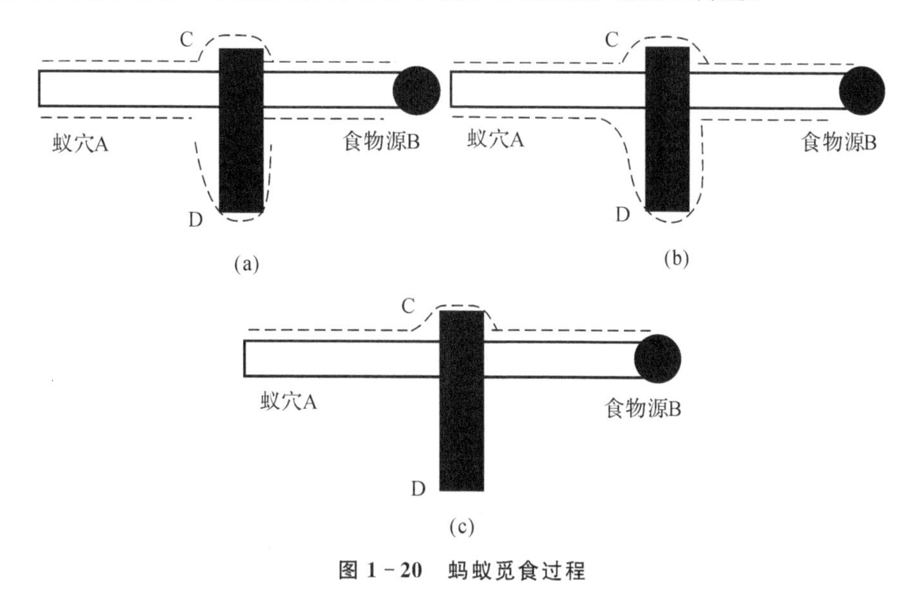

图 1－20 蚂蚁觅食过程

(a)初始时刻； (b)中间时刻； (c)最后时刻

基于蚁群算法的PID参数优化控制系统原理框图如图1-21所示。其原理是运行蚁群算法程序后会快速更新PID参数，直到达到最优值，快速控制输出脉冲焊接电流，使其稳定输出。

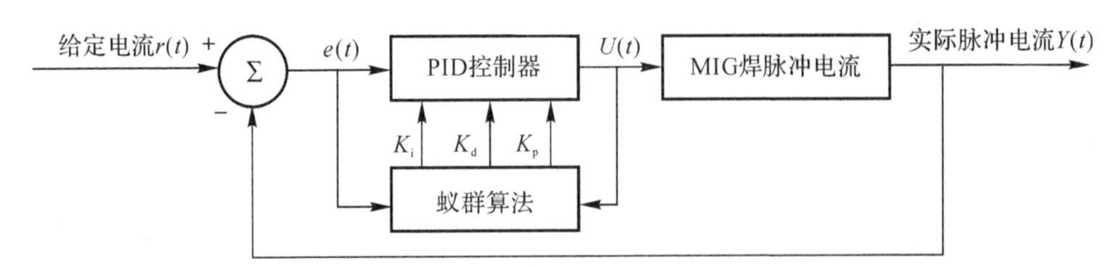

图1-21 基于蚁群算法的PID参数优化控制系统原理框图

基于蚁群算法的PID参数控制步骤：节点生成、路径与目标函数的确定、信息素的更新。

1. 节点生成

节点的选择是为了对K_p、K_i、K_d进行表示。定义：在xOy平面内，选择15个有效点表示PID参数，横坐标$x_1 \sim x_5$、$x_6 \sim x_{10}$、$x_{11} \sim x_{15}$分别代表K_p、K_i、K_d的数位。假设有m只蚂蚁，每只蚂蚁行走都是随机的，行走路径记录为$\text{path}(i)=\{y_{1,i},\cdots,y_{15,i}\}$，$i=1,2,\cdots,m$，其中$y_{j,i}$是第$i$只蚂蚁在$xOy$平面中纵坐标的数值，如图1-22所示。则PID的系数K_p、K_i、K_d可表示为

$$\left.\begin{aligned}K_p &= y_{1,i}+0.1y_{2,i}+0.01y_{3,i}+0.001y_{4,i}+0.000\,1y_{5,i}\\K_i &= y_{6,i}+0.1y_{7,i}+0.01y_{8,i}+0.001y_{9,i}+0.000\,1y_{10,i}\\K_d &= y_{11,i}+0.1y_{12,i}+0.01y_{13,i}+0.001y_{14,i}+0.000\,1y_{15,i}\end{aligned}\right\}\tag{1-12}$$

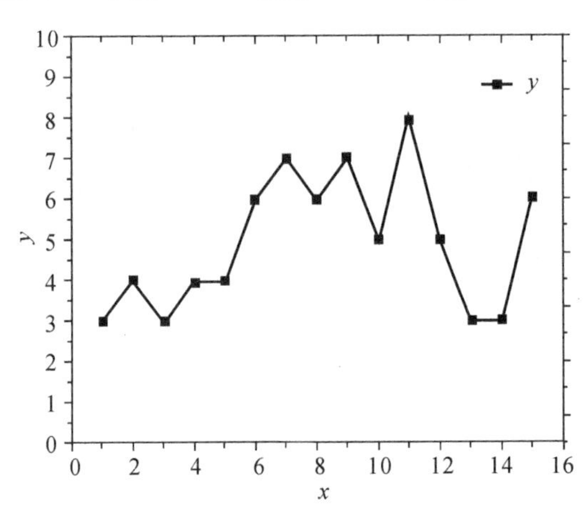

图1-22 第i只蚂蚁的行走路径示意图

根据图1-22以及式(1-12)，计算得到K_p、K_i、K_d分别为3.434 4、6.767 5、8.533 6。在蚁群算法程序运行中，如果对PID参数K_p、K_i、K_d没有限定，运行时间较长，对参数根据式(1-13)进行限定，其中c表示收敛因子，并设定c的取值范围在0和1之间，K_p^*、K_i^*、K_d^*表示初始参数。

$$\left.\begin{aligned}(1-c)K_p^* \leqslant K_p \leqslant (1+c)K_p^* \\ (1-c)K_i^* \leqslant K_i \leqslant (1+c)K_i^* \\ (1-c)K_d^* \leqslant K_d \leqslant (1+c)K_d^*\end{aligned}\right\} \tag{1-13}$$

2. 路径与目标函数的确定

蚂蚁觅食行为中，路径的选择取决于路径上其他蚂蚁遗留的信息素浓度，蚂蚁选择下一个路径的概率按照下式而定，则 t 时刻第 i 只蚂蚁从节点 m 走向节点 n 的概率为

$$P_{mn}^{i}(t)=\frac{[\tau_{nm}(t)]^{a}[\eta_{nm}(t)]^{b}}{\sum\limits_{s\in T}[\tau_{ns}(t)]^{a}[\eta_{ns}(t)]^{b}} \tag{1-14}$$

式中：τ_{nm} 是 t 时刻节点 (n,m) 上的信息素浓度；a 表示信息启发因子；b 表示期望启发因子；t 是下一时刻可选节点总数；$\eta_{nm}(t)$ 是时刻 t 节点 (n,m) 上的能见度值，其表达式为

$$\eta_{nm}(t)=\frac{10-|y_{nm}-y_{nm}^{*}|}{10} \tag{1-15}$$

式中：y_{nm}^{*} 表示当前最优路径节点纵坐标。

假设蚂蚁爬行速度都是一样的，在相同的时间内，蚁群应该同时爬行到终点位置。假设时间的单位为 1，则在时间为 15 时，蚁群同时爬到终点。目标函数是根据蚁群系统性能指标建立的，下式为所建立的目标函数，即绝对误差在时间上的积累，该函数是连续的，是反映在连续时间内系统绝对误差的累积大小。

$$F=\int_{0}^{t} t\,|e(t)|\,\mathrm{d}t \tag{1-16}$$

3. 信息素的更新

蚂蚁对路径的选择是根据信息素浓度判断的，随着蚂蚁的增多，信息素的浓度也在不断变化，信息素浓度可以按照下式变化。

$$\tau(x_n,y_{nm},t)=\rho\tau(x_n,y_{nm},t)+\Delta\tau(x_n,y_{nm},t) \tag{1-17}$$

式中：ρ 是信息素的挥发系数，其取值范围是 $0<\rho<1$；$\Delta\tau(x_n,y_{nm},t)$ 是节点 c 在 t 时刻信息素的变化总量。

$$\Delta\tau(x_n,y_{nm},t)=\sum_{k=1}^{s}\Delta\tau^{k}(x_n,y_{nm},t) \tag{1-18}$$

式中：$\Delta\tau^{k}(x_n,y_{nm},t)$ 表示第 k 只蚂蚁爬过节点 $c(x_n,y_{nm})$ 上信息素的变化量，由下式确定。

$$\Delta\tau^{k}(x_n,y_{nm},t)=\frac{Q}{F_k} \tag{1-19}$$

式中：Q 表示蚂蚁完成一次探索释放的信息素总量，是设定的一个常数；F_k 表示第 k 只蚂蚁的目标函数值。蚁群优化控制算法实现的步骤如图 1-23 所示。软件编程流程如图 1-24 所示。

1.3.4　蚁群优化 PID 控制仿真与工艺验证

在 1.3.3 节中，对蚁群优化 PID 控制原理进行了介绍，下面使用仿真软件对其进行建模仿真，并通过工艺试验验证蚁群优化 PID 控制的有效性。

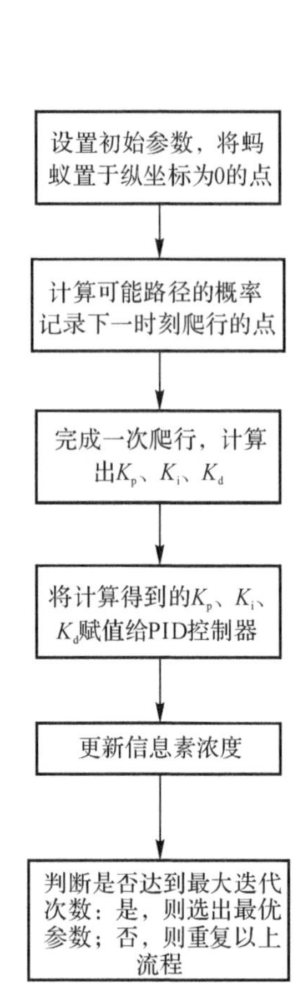

图 1-23　蚁群算法实现步骤

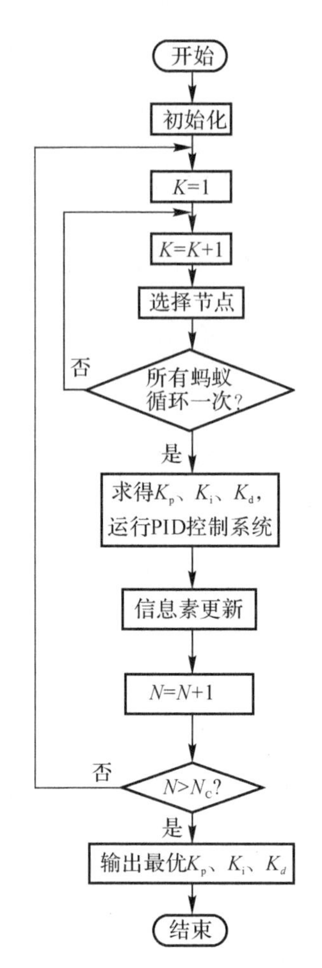

图 1-24　蚁群算法软件编程流程

取收敛因子 $c=0.9$，则根据式(1-13)得到 K_p、K_i、K_d 取值下限为(3.4，0.67，0.85)，取值上限为(6.53，11.5，15.6)，设蚂蚁总共有 10 只，即 $M=10$，取 ρ 的值为 0.5，$a=0.4$，$b=0.6$，$Q=100$，最大迭代次数 N_C 取 20，被控对象以一阶惯性为例，建立 MATLAB/Simulink 仿真模型。

阶跃信号属于跳变信号，在所有信号中最能反映控制系统的控制效果，因此选择单位阶跃信号来验证基于蚁群算法的 PID 参数优化控制的控制效果，仿真试验中，反映系统性能的指标选取 t_r、t_s、γ 分别是上升时间、调节时间、超调量，启动蚁群算法软件程序不断更新 PID 参数，并赋值于 PID 仿真系统，最后得出仿真波形，如图 1-25 所示。

图 1-25(a)中 PID 参数分别为 3.434 4、6.767 5、8.533 6，这是由 PID 控制的 $Z-N$ 法得到，图 1-25(b)中 PID 参数分别为 6.525 4、1.212 1、0.853 4，这是根据蚁群算法整定的最优值。结合铝合金弧焊电源硬件电路进行仿真，图 1-25(c)所示为使用 PID 控制与 ACO-PID 控制试验双脉冲电流波形对比结果，设定 PID 参数取值下限为(10 000，10，5)，上限为(50 000，100，20)，最终得到 K_p、K_i、K_d的最优值分别为 48 622、86.6、18.5。

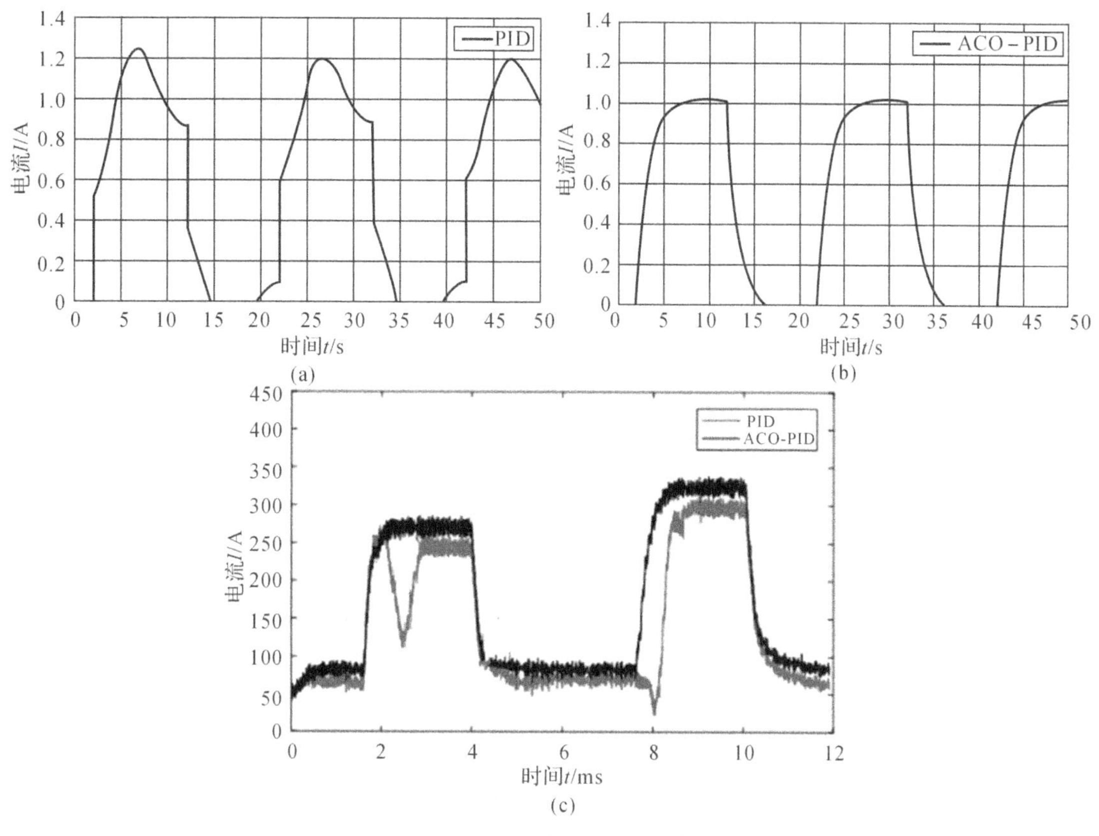

图 1－25　仿真波形与试验波形对比

(a)PID 仿真结果；　(b)ACO－PID 仿真结果；　(c)试验波形对比

从图 1－25(a)(b)的仿真结果可以得到，基于蚁群算法的 PID 参数控制的调节时间为 12.5 s，相比 PID 控制调节降低了 50%左右，超调量明显比 PID 调节小，仅为 2.5%；ACO－PID 控制达到稳态的时间更短且引起的超调震荡更小，可以看出 ACO－PID 控制的电流波形相对于 PID 控制的电流波形较平缓。仿真结果上升时间 t_r、调节时间 t_s、超调量 γ 等结果对比见表 1－4。结果表明，蚁群优化 PID 控制具有更好的控制效果，而传统 PID 控制会出现电流波形不稳定的现象。

表 1－4　仿真结果相关值

序　号	t_r/s	t_s/s	γ/(%)
图 1－25(a)	2.5	26.5	25
图 1－25(b)	4.1	12.5	3.5

为了进一步验证蚁群优化 PID 控制效果，设计两组试验，且工艺参数相同，一组试验采用 PID 控制焊接电流波形，另一组试验引入蚁群算法优化 PID 控制焊接电流波形。

采用平板对接，选择双脉冲 MIG 焊，脉冲周期为 14 ms，强脉冲群峰值电流、峰值时间分别为 260 A、4 ms，基值电流、基值时间分别为 60 A、10 ms，弱脉冲群峰值电流、峰值时间分别为 230 A、4 ms，基值电流、基值时间分别为 60 A、10 ms，强弱脉冲群个数比为 6∶6，焊接速度为 45 cm/min，板材的材料牌号为 AA6061－T6 的铝合金，尺寸为 3 mm×60 mm×250 mm，焊丝采用牌号为 ER4043，直径为 1.2 mm，保护气体为 99.99％高纯氩气。

图 1－26 为试验过程采集到的焊接电信号波形，图 1－26(a)是有 PID 控制的焊接电信号波形，由于峰值时间只有 4 ms，传统 PID 控制由于响应速度不够快，很难达到峰值电流，而由图 1－26(b)可知经过蚁群算法优化 PID 参数后，峰值电流均能达到预定值，焊缝成形结果见表 1－5。表 1－5 中图 1－26(a)为传统 PID 控制焊接电流所得的焊缝形貌，焊接电流传统 PID 控制中，并没有达到峰值电流，因此焊接质量不佳。表 1－5 中图 1－26(b)为引入蚁群算法优化 PID 参数后所得到的焊缝形貌。从外观成形上看，显然引入蚁群算法后得到焊缝成形美观。由于传统 PID 控制，电流波动较大，对熔滴过渡有很大影响，造成焊接过程不稳定。并根据国家标准《焊接接头拉伸试验方法》(GB/T 2651—2008)，对两组焊缝进行了拉伸试验，测试结果得到图 1－26(a)的焊缝抗拉强度为(160.6±7.5) MPa，图 1－26(b)的焊缝抗拉强度为(187±7.9) MPa。

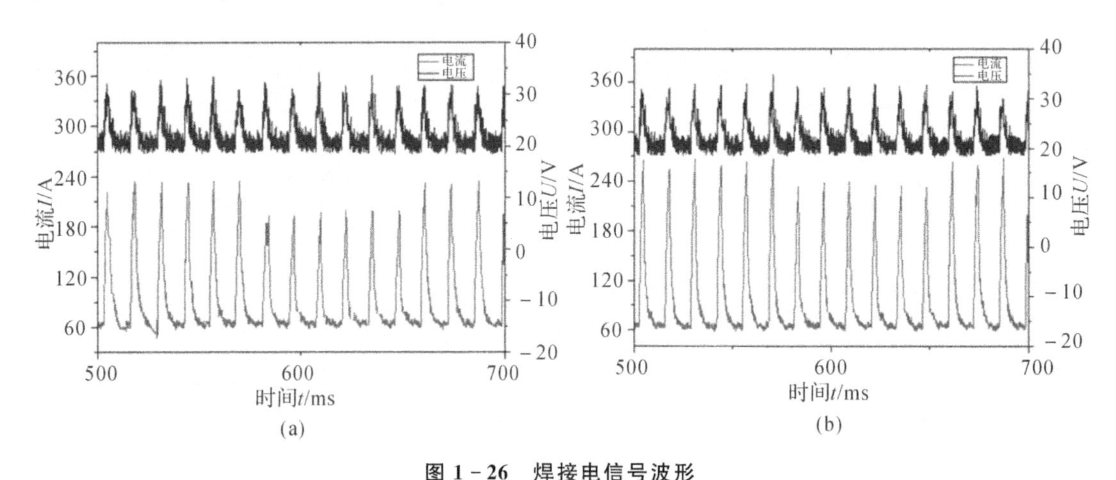

图 1－26 焊接电信号波形

(a)PID 控制焊接电信号波形； (b)ACO－PID 控制焊接电信号波形

表 1－5 焊缝成形结果

序 号	焊缝外观
图 1－26(a)	
图 1－26(b)	

基于蚁群算法的 PID 参数优化控制得到的焊缝成形质量较好，外形比较规整，没有出现断弧现象，且飞溅极少，焊缝抗拉强度比传统 PID 控制所得焊缝的抗拉强度提高了 16.4％，证明了蚁群优化 PID 参数控制焊接电流的有效性和准确性。

1.4　电弧弧长双闭环控制仿真与验证

在电流波形微观控制方面，通过 1.3 节的脉冲 MIG 焊电源模糊 PID 参数自整定控制，通常能实现稳定的脉冲 MIG 焊接。然而脉冲 MIG 焊是一个热、电、声、光多因素耦合的非线性过程，存在一些不可控的干扰，从而影响脉冲 MIG 焊接的稳定性。特别是在双脉冲 MIG 焊接过程中，强脉冲群时焊丝的熔化速度与弱脉冲群时焊丝的熔化速度存在一定差异，如果焊丝熔化速度大于焊丝送进速度，电弧弧长则会逐渐变长，直至烧损导电嘴而熄弧；如果焊丝熔化速度小于焊丝送进速度，电弧弧长则会逐渐缩短，直至顶丝熄弧；只有当焊丝熔化速度等于焊丝送进速度时，电弧弧长才能保持稳定和持续燃烧，因此在电流波形的宏观控制过程中，弧长的调节作用至关重要。

1.4.1　焊丝干伸长自调节作用模型

图 1-27 为脉冲 MIG 焊的电弧系统示意图，其中 L_h 为导电嘴到工件之间的距离，L_a 为可见电弧长度，L_g 为干伸长。L_h、L_a 与 L_g 三者之间具有如下关系。

$$L_a + L_g = L_h \tag{1-20}$$

$$\frac{dL_g}{dt} = v_f - v_m \tag{1-21}$$

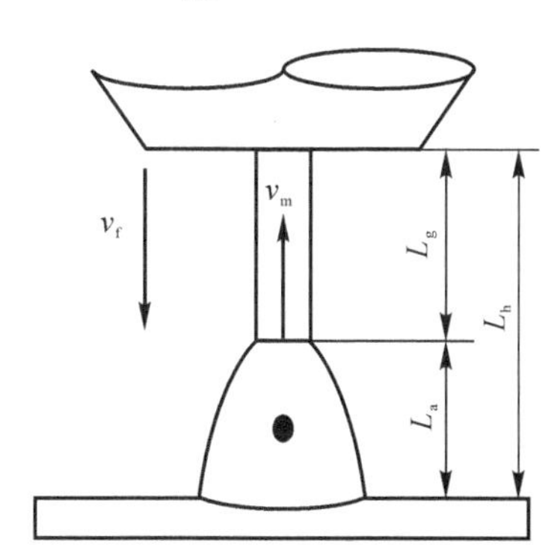

图 1-27　脉冲 MIG 焊电弧系统示意图

铝合金焊丝在脉冲 MIG 焊接过程中逐渐熔化，使其熔化的热量主要来自两个方面，一方面来自电弧燃烧产生的电弧热 H_a，另一方面来自熔化的焊丝产生的电阻热 H_L。在不考虑热传导和热辐射的能量损失的前提下，焊丝熔化有下列经验公式：

$$v_m = \frac{1}{H_0 + b}(\phi j + a L_g j^2) \tag{1-22}$$

$$j = \frac{I_f}{S} = \frac{I_f}{\pi (d/2)^2} \tag{1-23}$$

式中：v_m 代表焊丝熔化速度；a 代表焊丝比热阻；ϕ 代表阳极等效电压；j 代表电流密度；L_g 代表焊丝干伸长量；H_0 代表熔滴单位体积热焓；d 代表焊丝直径；b 代表电阻热曲线截距。

由式(1－22)可以得出，在脉冲MIG焊过程中，焊丝熔化速度主要由两个方面决定，一方面是焊接电流，另一方面是焊丝干伸长，而与弧长的关系很小。

焊枪上下移动、焊件粗糙起伏与送丝速度的不匀速等因素都能引起电弧弧长发生改变，为了维持稳定的熔滴过渡和电弧燃烧，需要动态的检测和调节电弧弧长 L_a，使之保持稳定。稳定的脉冲MIG弧焊过程的充分必要条件是 $v_m = v_f$，在稳定的电弧受到外界干扰后，由式(1－21)和式(1－22)可得

$$v_f - \frac{dL_g}{dt} = \frac{1}{H_0 + b}(\phi j + a L_g j^2) \tag{1-24}$$

把式(1－23)代入式(1－24)并化简，可得

$$L_g = \frac{1}{a j^2}\left[\left(v_f - \frac{dL_g}{dt}\right)(H_0 + b) - \phi j\right] = \frac{1}{a\left[\frac{I_f}{\pi (d/2)^2}\right]^2}\left[\left(v_f - \frac{dL_g}{dt}\right)(H_0 + b) - \phi \frac{I_f}{\pi (d/2)^2}\right]$$

即

$$L_g = \frac{1}{a}\left[\frac{\pi (d/2)^2}{I_f}\right]^2\left(v_f - \frac{dL_g}{dt}\right)(H_0 + b) - \frac{\phi}{a}\left[\frac{\pi (d/2)^2}{I_f}\right] \tag{1-25}$$

从而得到简化后的焊丝干伸长动态变化模型，如图1－28所示。

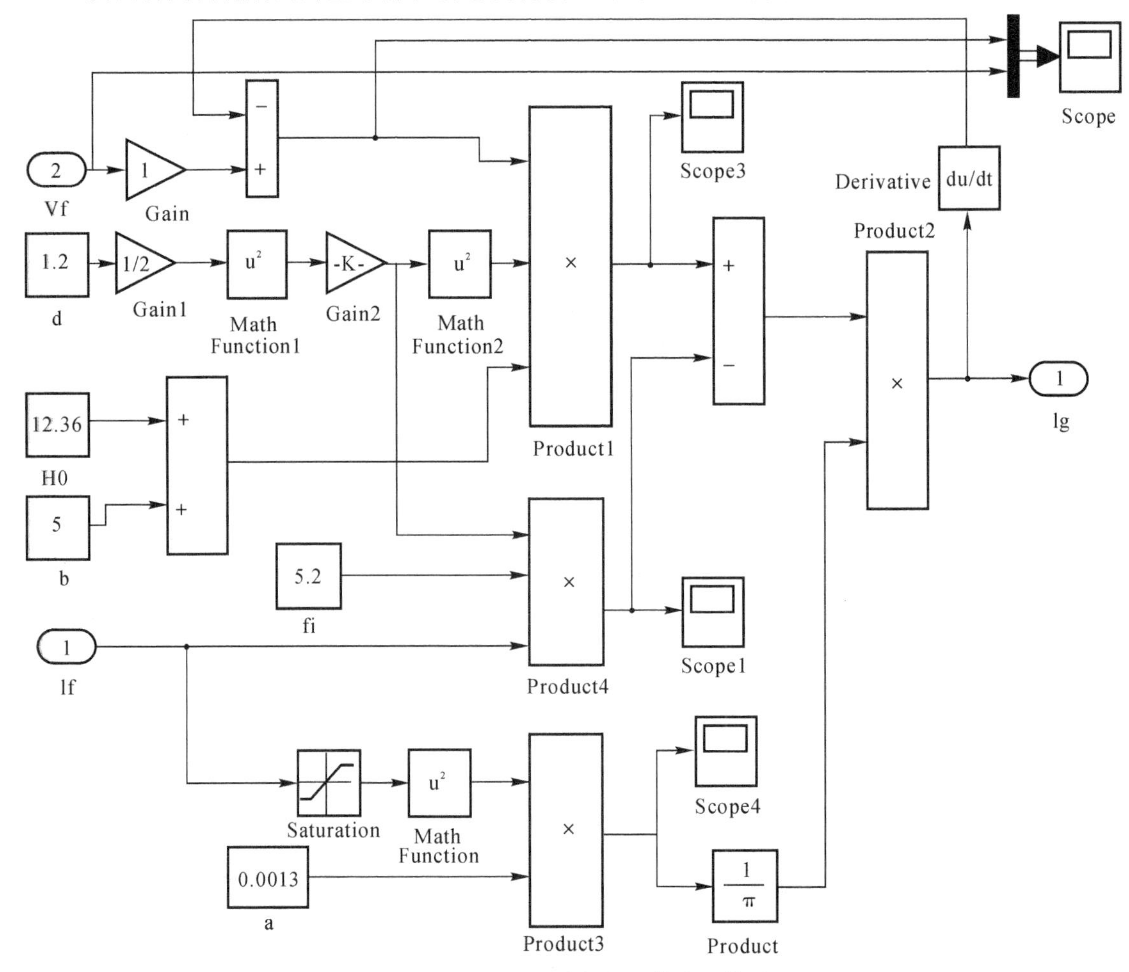

图1－28　焊丝干伸长自调节作用模型

1.4.2　电弧弧长双闭环控制仿真与工艺验证

脉冲MIG焊的稳定性主要包含两方面内容，一方面是熔滴过渡稳定性，另一方面是电弧弧长稳定性。熔滴过渡稳定性通常通过控制弧焊电流来实现，一般采用闭环控制调节脉冲MIG焊接过程中的电流，使脉冲MIG焊控制系统具有优异的动态跟随性和控制精度。电弧弧长的稳定通常通过控制焊丝熔化速度与焊丝送进速度的动态相等来实现。为了更好地实现熔滴过渡稳定性和电弧弧长稳定性，设计了脉冲MIG焊电弧弧长双闭环控制模型，如图1-29所示。该模型内环为电流环，外环为电压环。电流环和电压环的作用是通过给定信号和反馈信号调节作用，使脉冲MIG电源输出的电流值、电压值分别与设定的电流值、电压值相等，从而达到控制电弧弧长与熔滴过渡稳定性的目的。

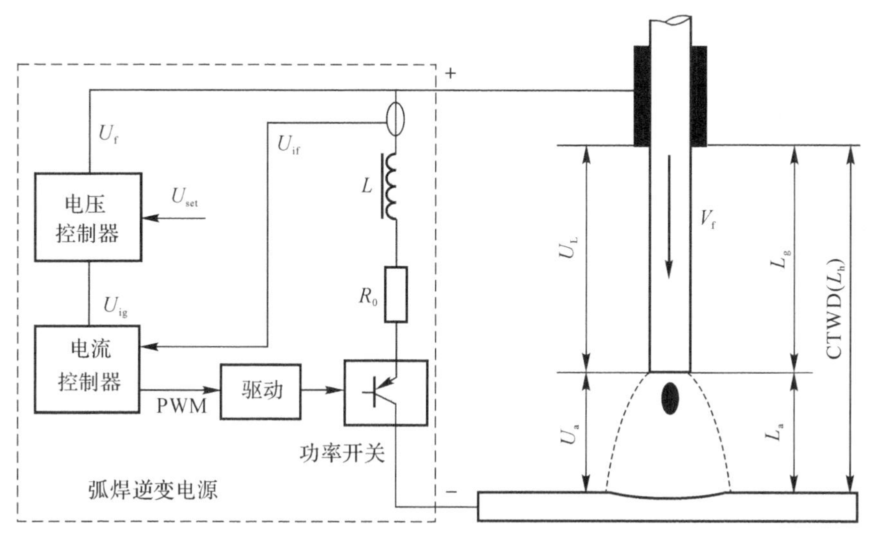

图1-29　弧焊系统的双闭环控制原理示意图

焊接过程中，焊枪的上下移动或者焊接工件的粗糙起伏等都等同于弧长的阶跃干扰。对图1-29中仿真参数作如下设定：送丝速度为65 mm/s，空载电压为70 V，L_h为18 mm，脉冲MIG焊进行到2 s时，焊枪向下阶跃运动，L_h由18 mm变化为15 mm，从而引起弧长骤然变短。仿真结果如图1-30～图1-32所示。

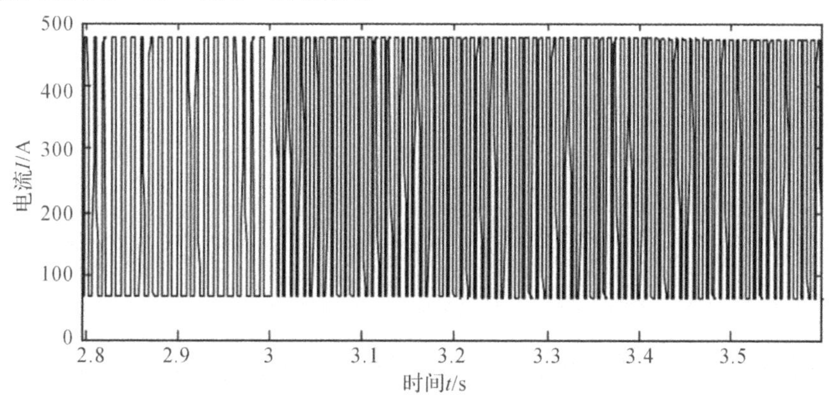

图1-30　焊枪下阶跃时脉冲电流调节仿真过程

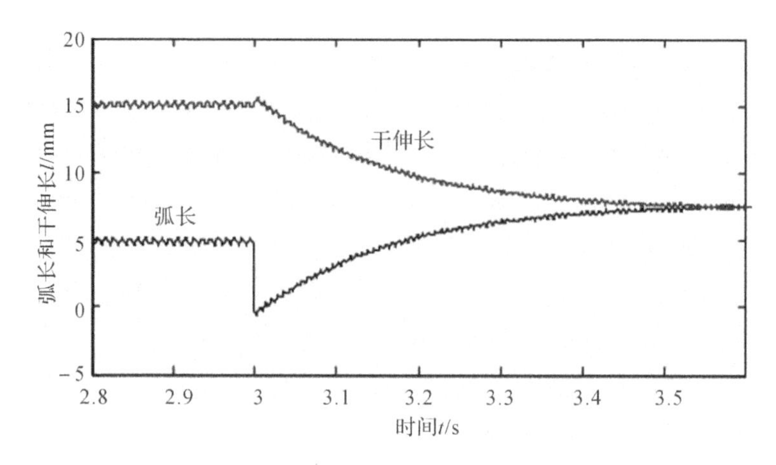

图 1-31　焊枪下阶跃时弧长和干伸长调节仿真过程

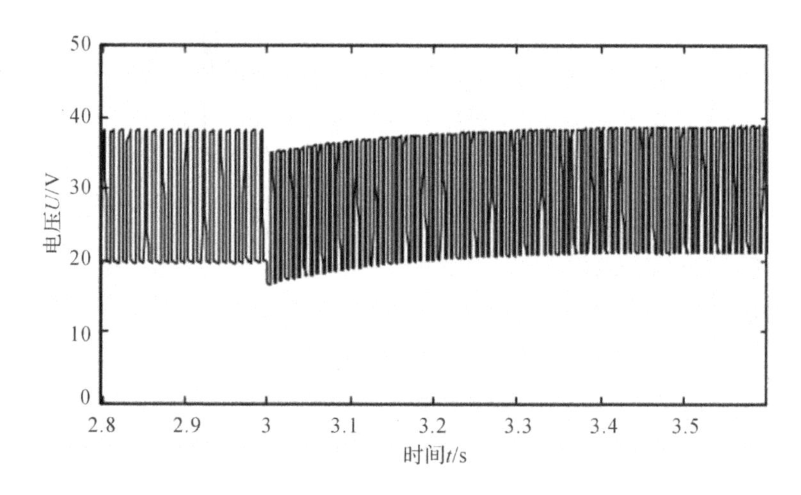

图 1-32　焊枪下阶跃时输出采样电压变化仿真过程

由以上仿真结果得出，电弧弧长发生突变时，通过脉冲 MIG 焊电弧弧长电流、电压双闭环结构的调整，最终达到的稳定状态是：焊丝熔化速度等于焊丝送进速度，焊丝干伸长对应地伸长或缩短，弧长恢复至变化前的稳定长度。

最后，进行铝合金脉冲 MIG 焊电弧弧长电流、电压双闭环控制验证试验。试验条件及焊接参数为：峰值电流为 320 A，基值电流为 60 A，平均焊接电流为 95 A，焊接速度为 40 cm/min。试验采用平板堆焊，试件尺寸为 3 mm 厚的 AA6061-T6 铝合金，焊丝采用直径为 1.2 mm 的 ER4043，保护气体为 99.999%高纯氩气，气体流量为 15 L/min，干伸长由 18 mm变化为15 mm。试验结果如图 1-33 所示。由图 1-33 可知，在干伸长发生变化后，电弧弧压骤降，但是在大约 1 s 后恢复到初始稳定状态。以上结果充分验证了电弧弧长电流、电压双闭环控制在铝合金双脉冲 MIG 焊中的可行性。

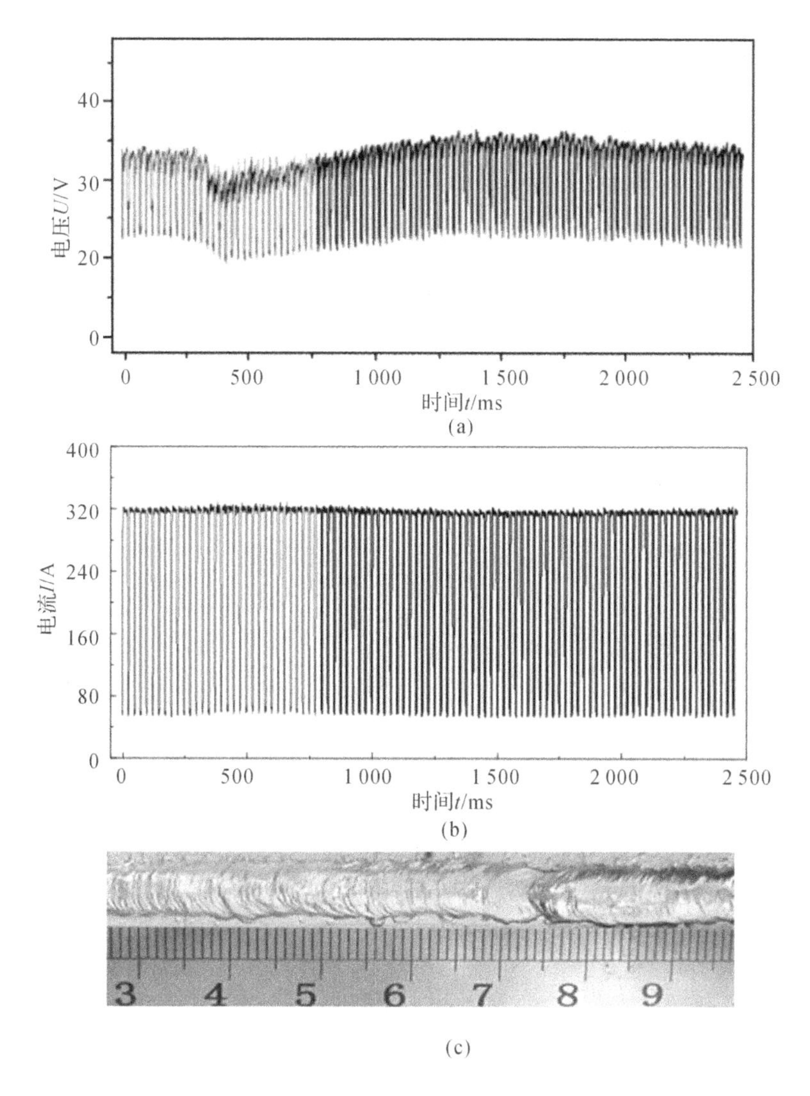

图 1-33　双闭环控制的焊接验证试验

(a)验证试验电压采集波形；(b)验证试验电流采集波形；(c)验证焊缝

1.5　铝合金脉冲 MIG 焊过程信息评价

焊接过程是一个复杂的变化过程，其稳定性对最终焊缝成形有很大的影响，可以通过焊缝成形最终质量情况来对焊接过程的稳定性给出评价，但这是间接评价，不具备实时性。焊接过程是一个电信号急剧变化的过程，对于如何通过电信号来实时、直接地评价焊接过程的稳定性，许多焊接工作者做了大量卓有成效的研究。D. Rehfeldt 等人通过在线高速采集弧焊过程电流、电压信号，通过计算短路概率密度，对弧焊过程的稳定性进行了分析，并利用汉诺威分析仪在线进行了各种电参数统计计算。T. Polte 等人在 GMAW 焊接过程中采用神经网络对焊接电压概率分布和短路时间累计分布值进行了自动分析，有效识别了不同工艺条件对焊接过程的影响。Yudo dibroto 等人通过焊接电流统计分析得出了一个用于评定双丝脉冲 MIG 焊稳定性的指标。石玗等人利用电弧电压概率密度分析了铝合金脉冲 MIG 焊的稳定性。王飞等人利用概率统计直方图对 CO_2 气体保护双丝焊电信号稳定性进行了定性分析。冯胜强利用正态分布原理对焊接质量进行了判定。广东技术师范学院姚屏等人利用概率密度分布图对双丝焊接质量进行了定量评价。华南理工大学高理文等人利用短路时间频数分布图对 CO_2 弧焊稳定性进行了定量分析。这些评价方法或体系都能从一定方面对焊接过程的稳定性给出合理的评价，对于铝合金焊接质量提高有很大的帮助。

1.5.1 基于瞬时电流与电压信号定量评定

焊接过程中电信号是一种随机变量，实时电流与电压波形是能采集到最直接的焊接过程信号，电流、电压波形是否规整，重复性如何，有无断弧或者短路等现象能够直接显示出来。图 1－34 为铝合金双脉冲焊接过程中采集到的实时电压波形，图 1－34(a)采集的电压波形信号在采集时间段内工整，重复性好，有规律；图 1－34(b)中的电压信号有几个明显跳变，反映出图 1－34(b)焊接过程没有图 1－34(a)稳定。电流波形对外界变化没有电压波形的变化大，轻微的弧长变化都能在电压波形中反映出来。但是，如果焊接过程有短路或断弧现象发生，电流波形会发生明显的跃变。

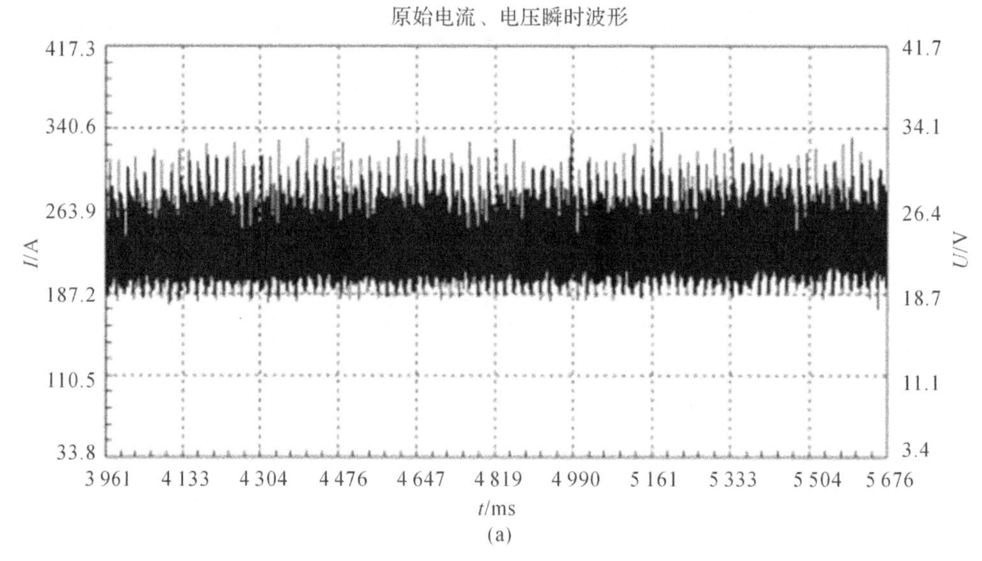

图 1－34 铝合金双脉冲焊接电压波形

(a)整齐电压波形

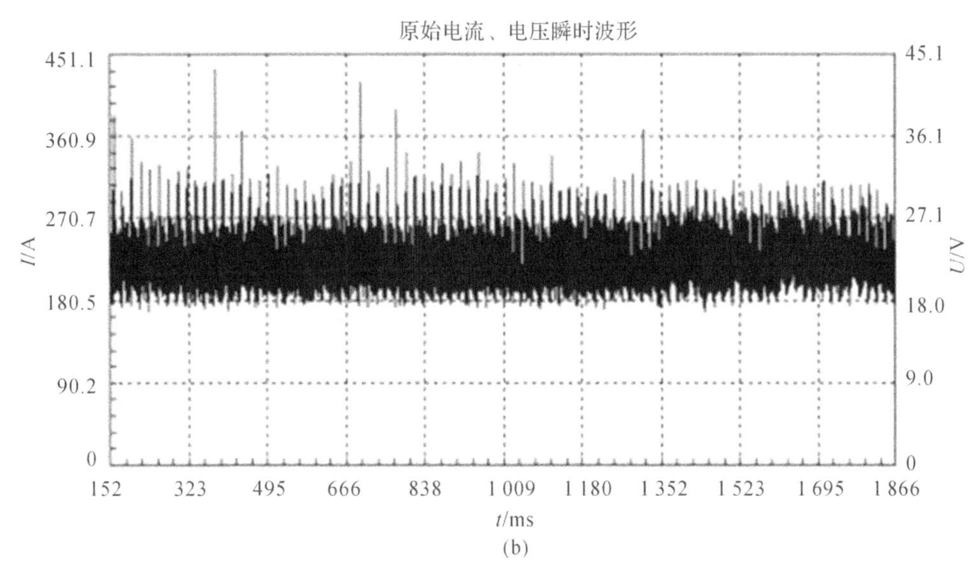

(b)

续图 1 - 34　铝合金双脉冲焊接电压波形

(b)有跳变电压波形

在电流与电压信号波形无明显缺陷的情况下，以电流为横坐标，电压为纵坐标做电压-电流($U-I$)图，从图中各点连线的紧密程度和图形边缘轮廓的清晰程度也能够反映出焊接过程稳定性的细微差别。

图 1 - 35 是两个有细微差别的 $U-I$ 图，两个焊接过程都能顺利完成，但是图 1 - 35(a)比图 1 - 35(b)在图形边缘轮廓上显得毛刺更多一些，能够说明图 1 - 35(a)在焊接过程中的电流、电压稳定性稍微差一些。

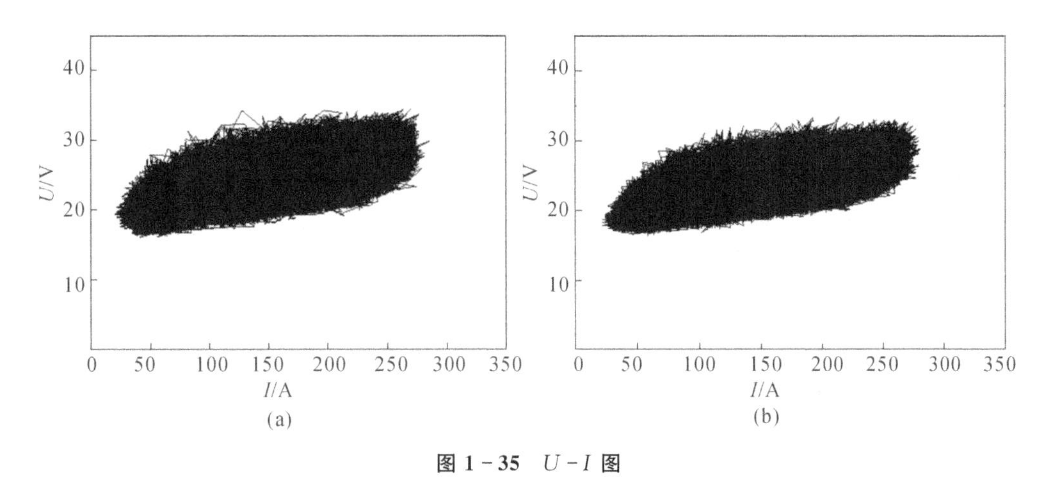

图 1 - 35　$U-I$ 图

1.5.2　基于电流与电压概率密度统计定量评定

电信号是一种随机变量，除了通过直观的电流与电压信号图来判断焊接过程的稳定性之外，利用数理统计方法也是处理随机变量非常有效的方法。概率密度函数用以描述某个随机变量 x 的输出值在某一取值点附近的可能性。对于任意一维随机变量 x 的分布函数 $F_x(x)$，概率密度函数 $f_x(x)$ 满足：

$$F_x(a)=\int_{-\infty}^{a} f_x(x)\,\mathrm{d}x, \quad -\infty < a < \infty \tag{1-26}$$

该函数恒为实值非负函数，并具有如下性质：

$$\int_{-\infty}^{\infty} f_x(x)\mathrm{d}x = 1 \tag{1-27}$$

$$P[a < x \leqslant b] = F_x(b) - F_x(a) = \int_{a}^{b} f_x(x)\mathrm{d}x, \quad -\infty < a < b < \infty \tag{1-28}$$

随机变量的概率分布密度图是一种对焊接过程电信号进行处理的重要方法，能够有效对焊接过程的稳定性进行分析，一般可以通过观察概率密度图的电流分布情况，得到关于焊接过程稳定性的定性描述。相同的焊接条件与参数下，电流分布密度越集中，说明焊接过程稳定性越好。

图 1-36 展示了小波分析仪软件采集的 4 个不同的焊接过程的电流信号概率密度，图 1-36(a)的信号最稳定，后面几个依次降低，图 1-36(c)和图 1-36(d)的焊接过程非常不稳定，飞溅多，噪声大。

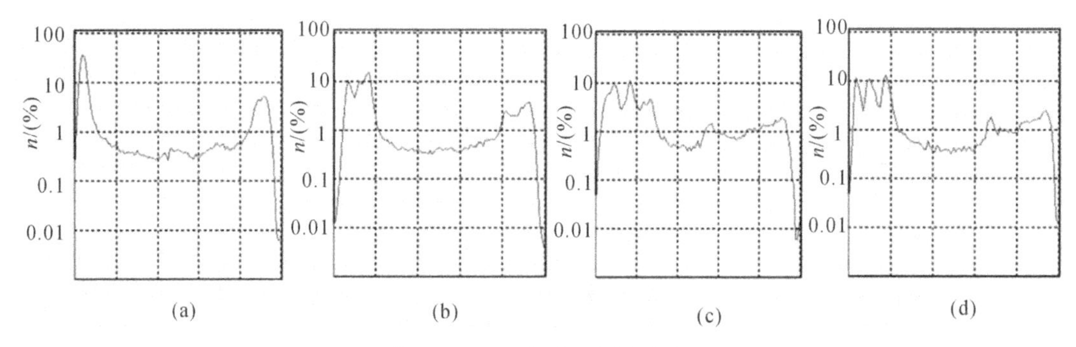

图 1-36 电流信号概率密度

(a)电流信号 1； (b)电流信号 2； (c)电流信号 3； (d)电流信号 4

1.5.3 基于线能量输入定量评定

线能量是焊接热输入的一个重要指标，其表达式为

$$q=\frac{UI}{v} \tag{1-29}$$

式中：I、U 分别是焊接电流和弧焊电压；v 是焊接速度。本节从电弧电压、焊接电流的概率密度及线能量设计出反映电弧稳定性的评定系统。

对于采集到的电压、电流、能量等分布图，需要从这些图形中提取重要信息作比对，首先分析数据处理中的归一化问题。

在一些数据处理中，一类数据越大越好，这类数据归一化时采用正向归一化，按照下式进行：

$$p(t)=\frac{t-t_{\min}}{\Delta} \tag{1-30}$$

另一类数据越小越好，这类数据进行反向归一化，可按照下式进行：

$$p(t)=\frac{t_{\max}-t}{\Delta} \tag{1-31}$$

式(1-30)和式(1-31)中的 t 表示需要处理的数据，$t_{\min}$ 表示这列数据中的最小数字，$t_{\max}$ 表示这列数据中的最大数字，Δ 表示这列数据中最大值与最小值之差，$p(t)$ 是数据 t 的归一化结果，取值范围在0和1之间。

图1-37是一组电压、电流概率密度分布，概率密度分布越集中，则电弧越稳定，以图1-37(a)为例，图中 X 表示电压概率密度在电压方向的集中程度，Y 表示在 X 宽度范围内电压概率密度的平均值，X 值越小，Y 值越大，则电弧的稳定性越好，电流概率密度和电压概率密度分析是类同的，以电压概率密度为例进行分析。多组试验的 X 值可以按照式(1-31)归一化，Y 值按照式(1-30)归一化。而对于线能量的归一化问题，考虑到焊接线能量在电弧电压、焊接电流和焊接速度不变的情况下，由式(1-29)得知，线能量也是固定不变的，但是如果电弧有扰动，焊接线能量则会偏离其理论值，偏离程度越小，电弧越稳定，所以可以将采集到的线能量 q 与线能量的理论值 Q 的偏差值 $|Q-q|$ 作为归一化处理数据，并按照式(1-31)进行归一化。电弧电压概率密度分布中 X、Y 归一化后，取二者平均值 Z_U 作为电弧电压评定指标，同理将焊接电流概率密度分布中 X、Y 归一化后取其平均值 Z_I 作为焊接电流评定指标，线能量 q 与其理论值 Q 的偏差值 $|Q-q|$ 归一化后记为 Z_q，将 Z_q 作为焊接线能量的评定指标。取 Z 为综合评定得分，Z 的表达式如下，Z 的得分越大说明电弧越稳定。

$$Z=\frac{Z_U+Z_I+Z_q}{3}\times 100,\quad 0\leqslant Z\leqslant 100 \tag{1-32}$$

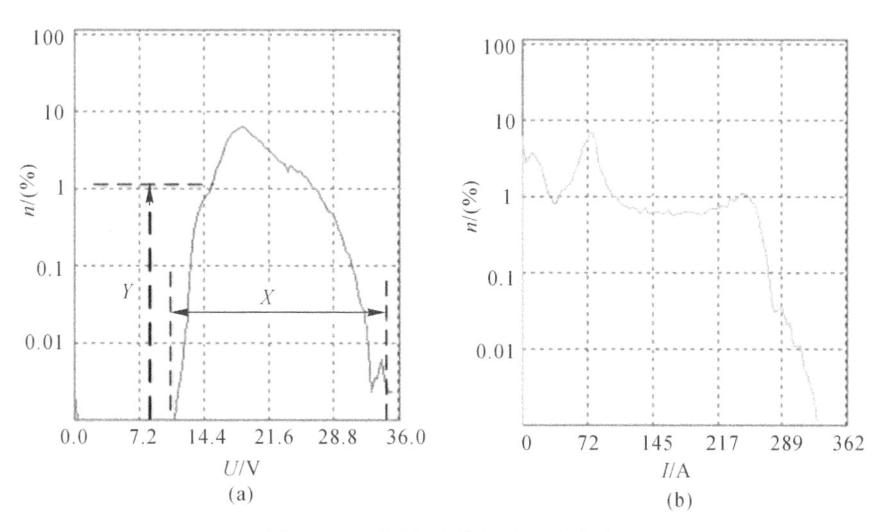

图1-37 电压、电流概率密度分布

(a)电弧电压概率密度分布；(b)焊接电流概率密度分布

在小波软件程序中，对焊接电信号特征值进行归一化，最终输出显示界面包含电压归一化值、电流归一化值、线能量归一化值和评分归一化。最终将评分归一化结果取百分制得到综合评定得分 Z，图1-38(a)是电信号采集界面，图1-38(b)是图1-38(a)中方框电信号评定结果的放大图。在后面章节将使用该评定系统对铝合金焊接和增材制造试验进行分析。

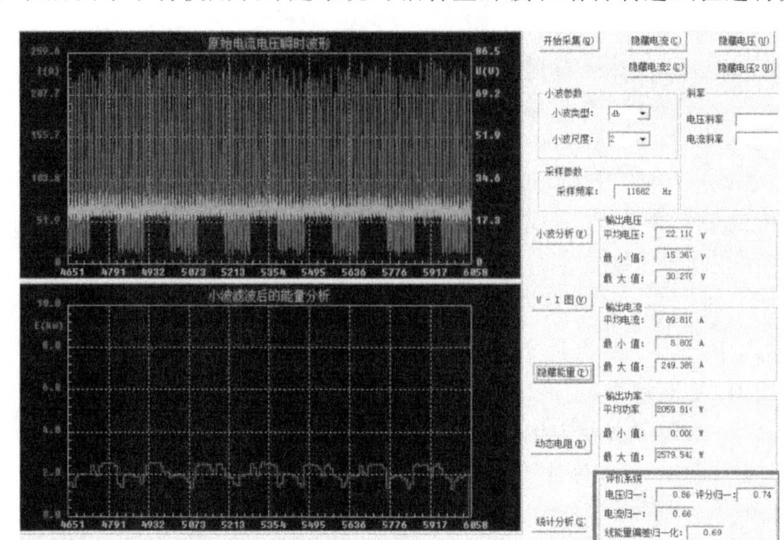

(a)

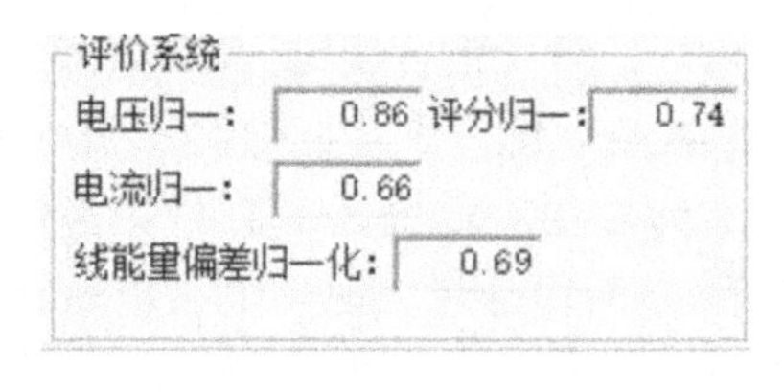

(b)

图 1-38 归一化评定结果

(a)电信号采集界面； (b)评价结果

参考文献

[1] YU Y Z, REN X Y, DENG C Y, et al. Regulation of PID controller parameters based on ant colony optimization algorithm in bending control system [C]//Applied Mechanics and Materials. Trans Tech Publications Ltd, 2012(128):205-210.

[2] HANIFAH R A, TOHA S F, AHMAD S. PID-Ant colony optimization (ACO) control for electric power assist steering system for electric vehicle[C]// 2013 IEEE International Conference on Smart Instrumentation, Measurement and Applications (ICSIMA). IEEE, 2013:1-5.

[3] BLONDIN M J, SICARD P. PID controllers and anti-windup systems tuning using ant colony optimization[C]// 2013 15th European Conference on Power Electronics and Applications (EPE). IEEE, 2013:1-10.

[4] 张相胜，陆书燕，潘丰. 蚁群算法在油库发油 PID 控制中的应用[J]. 测控技术，2019, 38

(2):61-64.

[5] 姚屏,王磊磊,杨永,等. 双丝脉冲焊模糊自适应PID控制系统[J]. 电焊机,2014,44(7):23-26.

[6] SCOTTI G, MATILAINEN V, KANNINEN P, et al. Laser additive manufacturing of stainless steel micro fuel cells [J]. Journal of Power Sources, 2014, 272(3):356-361.

[7] 薛家祥,王磊磊,陈振升,等. 铝合金脉冲MIG焊起弧与收弧优化控制[J]. 焊接,2014,43(7):11-15.

[8] REHFELDT D, SCHMITZ T. A system for process quality evaluation in GMAW[J]. Welding in The World, 1994, 34(4):227-234.

[9] POLTE T, WU C S, REHFELDT D. A fuzzy logic system for process monitoring and quality evaluation in GMAW[J]. Weld Journal, 2001, 80(2):33-38.

[10] YUDODIBROTO B Y B, HERMANS M J M, RICHARDSON I M. Process stability analysis during tandem wire arc welding[C]// Proceedings of The IIW International Conference. Quebec City,Canada:IIW, 2006:52-64.

[11] 石玗,聂晶,黄健康,等. 基于电弧电压概率密度铝合金脉冲MIG焊稳定性分析[J]. 焊接学报, 2010, 31(5):13-16,113.

[12] 王飞,华学明,马晓丽,等. CO_2气体保护药芯焊丝双丝焊接电信号稳定性分析[J]. 上海交通大学学报, 2010, 44(4):457-462.

[13] 冯胜强. 基于UG的弧焊机器人离线编程与统计方法的焊接质量判定[D]. 天津:天津大学, 2010.

[14] 姚屏,薛家祥,朱强,等. 基于概率密度分布图的双丝脉冲焊稳定性定量评价[J]. 焊接学报, 2014, 35(7):51-54.

[15] 高理文, 薛家祥, 陈辉, 等. 基于短路时间频数分布图定量分析的CO_2弧焊稳定性评价方法[J]. 焊接学报, 2013, 34(7):43-46.

[16] 刘松强. 数字信号处理系统及其应用[M]. 北京:清华大学出版社, 1996.

[17] ZHOU Y, QI B, ZHENG M. Research on adaptive controller for variable polarity plasma arc welding power supply with high - frequency[C]// MATEC Web of Conferences. EDP Sciences, 2019,269:4001.

[18] 李琛. 基于逆变技术的弧焊电源研制[D]. 大连:大连理工大学, 2008.

第2章　铝合金电流波形调制双脉冲焊参数优化

铝合金材料相对于钢铁材料比较容易氧化，并且对周围环境要求严格，焊接工艺参数很小的改变或者周围环境的变化都有可能造成铝合金焊接失败，因此选择合适的电流波形控制技术是必需的。本章采用矩形波调制和梯形波调制双脉冲工艺进行铝合金焊接试验，研究电流波形参数对铝合金焊接的影响规律，并选择出最优参数，为铝合金焊接波形调制在增材制造中的应用选择合适的工艺参数，并将铝合金矩形波调制与梯形波调制双脉冲焊工艺进行对比分析。铝合金相对于其他金属合金材料的焊接对外界环境更为敏感，相同的参数在周围环境不同的情况下焊接也可能会失败，因此需要对铝合金焊接电流波形参数区间进行选定，并使每次焊接外部环境影响降到最低。

2.1　起弧与收弧控制

铝合金材料质地软，导热快，起弧较其他焊接材料困难。在采用自动装置焊接时，一旦起弧失败就会导致送丝管的焊丝变形弯曲，划伤送丝管内壁，影响送丝稳定性，如果弯曲弧度过大，焊丝有可能会堵住导电嘴，直接导致不能继续焊接。收弧如果控制不好，会在焊缝尾部留有一个明显的凹坑，而且铝合金材料在焊接过程中热量积累越来越多，采用普通收弧之后易产生过大的内应力从而导致在焊缝尾部产生热裂纹，影响焊缝的力学性能。

1.起弧优化

由于铝合金的电阻率低，同样电流条件下铝合金焊丝与工件短路产生的热量比碳钢和不锈钢等其他金属要小很多；而且铝合金工件表面在空气中会迅速生成一种不导电的致密氧化物保护膜，起弧控制时一定要击穿这个保护膜才能引弧成功。因此考虑在起弧阶段增加焊丝和工件的输入能量，采用大脉冲电流慢送丝速度起弧的方法。

起弧过程具体描述如下：按下焊枪开关后，焊丝以一个很慢的速度(1/3～1/4 正常送丝的速度)接近工件，在检测到焊丝接触工件的瞬间，产生一个大电流击穿铝合金表面的氧化物薄膜，从而顺利起弧；起弧后由于焊丝距离工件很近，弧长很短，弧压不稳定，送丝速度突然提高到正常焊接速度时容易顶丝断弧，因此需要增加几个过渡脉冲来维持刚建立的熔池，防止熄弧，等弧长基本稳定后再输出脉冲电流进入正常焊接过程。经过试验测试，图 2 - 1 是优化的铝合金脉冲焊接起弧电流波形，图 2 - 2 是优化起弧和常规起弧的焊缝起弧点对比，从图中可以看出，优化起弧是一种合适的铝合金脉冲焊接起弧控制方法。

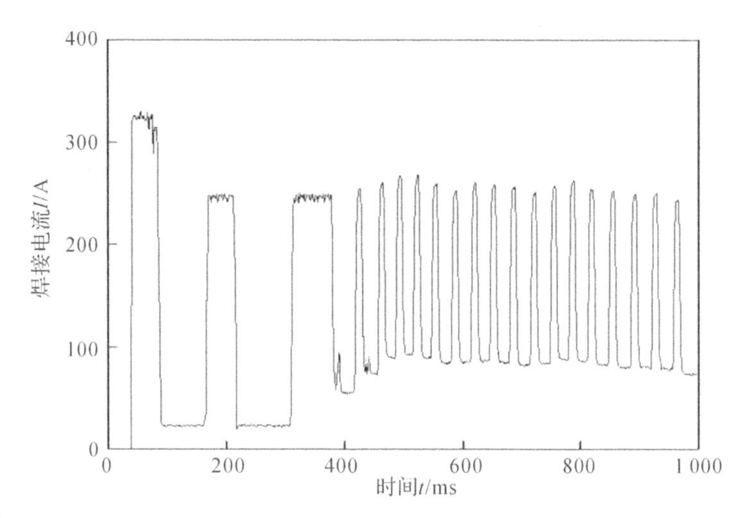

图 2-1　铝合金脉冲焊接起弧电流波形

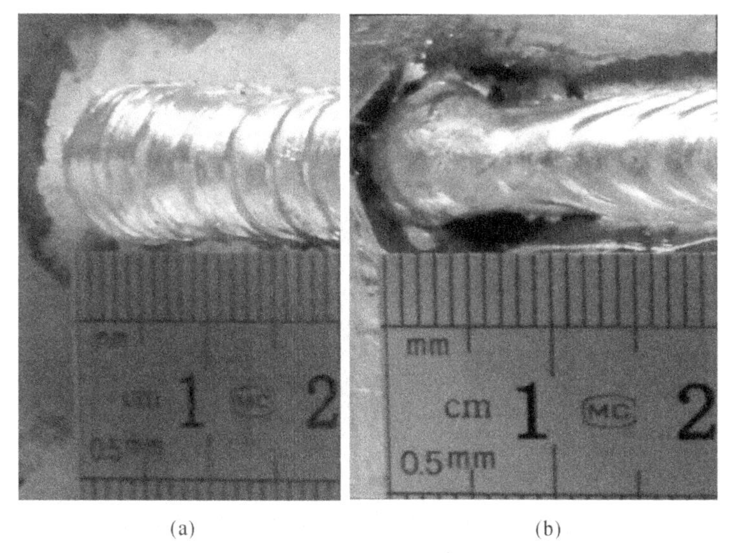

(a)　　　　(b)

图 2-2　优化起弧与常规起弧的焊缝起弧点对比

(a)优化起弧；(b)常规起弧

2. 收弧优化

收弧控制对铝合金焊接而言也很重要，因为铝合金的线膨胀系数大，凝固后体积收缩率可达 6.5%，如果收弧时不加控制会产生颈缩现象，而且伴有弧坑或裂纹，影响焊缝的质量。本书以收弧能量逐步衰减为理论基础，设计了阶梯变化、能量递减、低能量脉冲电流填坑的方法。

阶梯脉冲过渡小电流优化收弧填坑方法具体描述如下：正常焊接结束后，持续输出 6～8 个依次递减的脉冲能量，从而顺利、平滑过渡到小电流填坑状态，填坑的能量视不同焊接电流大小而定。最后，输出一个强脉冲将焊丝末端积球削掉。经过焊接试验测试，图 2-3 是铝合金脉冲焊接优化收弧电流波形，图 2-4 是优化收弧和常规收弧的焊缝收弧点对比，从图中可以看出，优化收弧是一种合适的收弧控制方法。

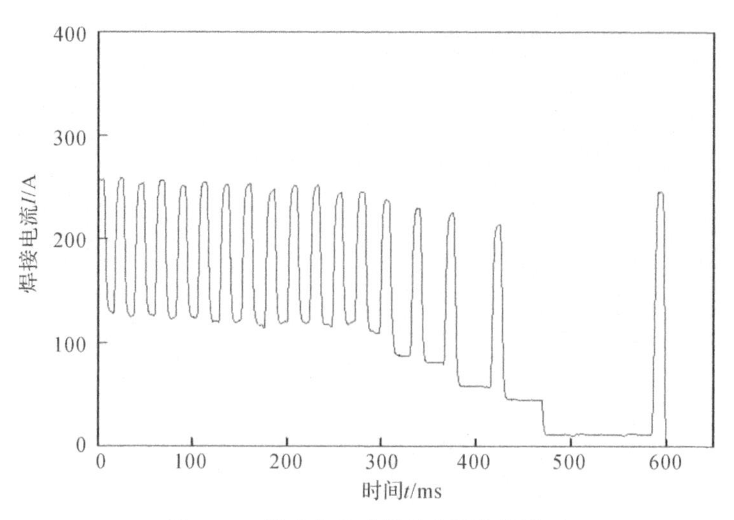

图 2-3　铝合金脉冲焊接收弧电流波形

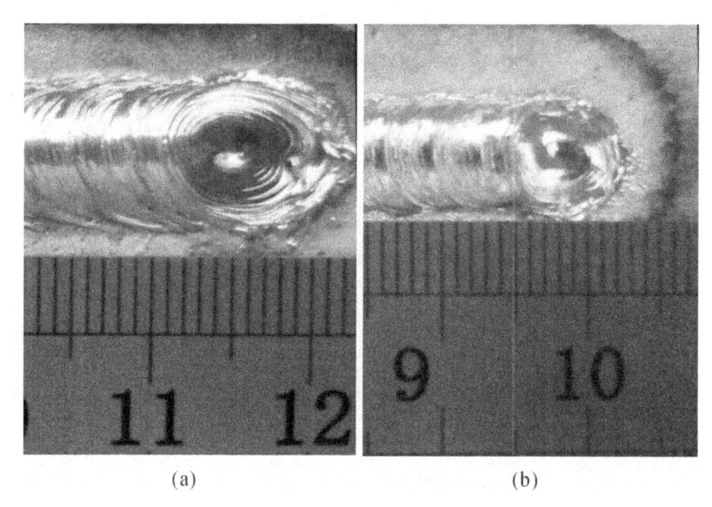

(a)　　(b)

图 2-4　优化收弧与常规收弧的焊缝收弧点对比

(a)优化收弧；(b)常规收弧

2.2　调制双脉冲焊基值电流对焊缝成形的影响

铝合金焊接的电流脉冲形式有单脉冲焊和双脉冲焊，单脉冲焊和双脉冲焊相比更易实现，且电流波形参数少，调试更简单，但由于单脉冲焊成形效果不佳，焊缝中易产生大量气孔，且相比双脉冲焊接，单脉冲焊接得到的焊缝不美观、焊缝的力学性能不好，因此选择双脉冲焊接。双脉冲焊接中强脉冲群和弱脉冲群周期性地交替出现，更加有利于消除或减少焊缝中的气孔。双脉冲焊波形调制方式有很多种，例如，矩形波调制、梯形波调制、中值波调制、正弦波调制等。

2.2.1　焊接电流波形调制方式对比分析

1. 矩形波调制双脉冲焊

矩形波调制双脉冲焊是在单脉冲的基础上周期性地加入弱脉冲群而得到的，可以分为三种情况：①强弱脉冲峰值电流大小和基值电流大小都不同；②强弱脉冲峰值电流大小相同，基值电流大小不同；③强弱脉冲峰值电流大小不同，基值电流大小相同。在第①种情况下，调试程序时改变参数较多，峰值电流的改变对热输入的影响较大。对于第③种情况下，基值电流不变，峰值电流的改变同样会对热输入有较大影响。本书主要采用第②种情况，即采用强弱脉冲的峰值电流大小相同，改变强弱脉冲的基值电流值，强脉冲群和弱脉冲群的交替出现，对熔池起到搅拌的作用，有利于焊缝的成形。铝合金矩形波调制双脉冲焊电流波形如图 2－5 所示。

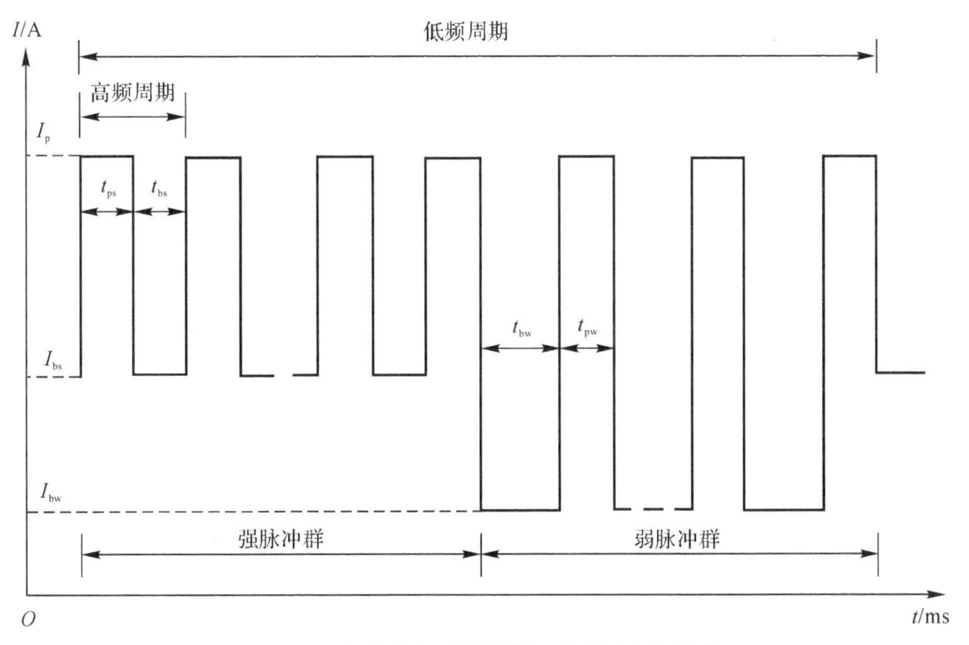

图 2－5　铝合金矩形波调制双脉冲焊电流波形

图 2－5 中 I_p 是强弱脉冲峰值电流大小，I_{bs}、I_{bw} 分别是强脉冲基值电流、弱脉冲基值电流大小，且有 I_{bs} 大于 I_{bw}，t_{ps}、t_{bs}、t_{bw}、t_{pw} 分别表示强脉冲峰值时间、强脉冲基值时间、弱脉冲基值时间、弱脉冲峰值时间，低频周期 T_l 是强脉冲群时间与弱脉冲群时间之和，高频周期 T_h 为 t_{ps} 与 t_{bs} 之和，记 M 和 N 分别表示每个周期内的强脉冲和弱脉冲的个数。矩形波调制双脉冲焊中 T_h、T_l 及焊接平均电流 I 满足下列公式：

$$T_h = t_{ps} + t_{bs} \tag{2-1}$$

$$T_l = (t_{ps} + t_{bs})M + (t_{pw} + t_{bw})N \tag{2-2}$$

$$I = \frac{(I_p t_{ps} + I_{bs} t_{bs})M + (I_p t_{pw} + I_{bw} t_{bw})N}{T_l} \tag{2-3}$$

在铝合金矩形波调制双脉冲焊试验中，只需要在程序中改变强弱脉冲峰值与基值电流大小、强弱脉冲峰值与基值时间、脉冲个数。虽然矩形波调制双脉冲焊相比单脉冲得到的焊缝性能更好，但在双脉冲矩形波调制过程中，若强脉冲与弱脉冲的基值电流相差过大，则输入能量较大的变化容易导致焊缝产生裂纹；若强弱脉冲基值电流差值过小，则和单脉冲焊类似，因此选择合适的基值电流差是必要的。

2. 梯形波调制双脉冲焊

为了减少矩形波调制双脉冲焊中强弱脉冲切换中基值电流的突变给熔池带来的影响，在如图 2－5 所示的矩形波调制双脉冲焊中，在强脉冲群到弱脉冲群和弱脉冲群到强脉冲群之间增加过渡脉冲群就变成了梯形波调制双脉冲焊工艺，如图 2－6 所示。

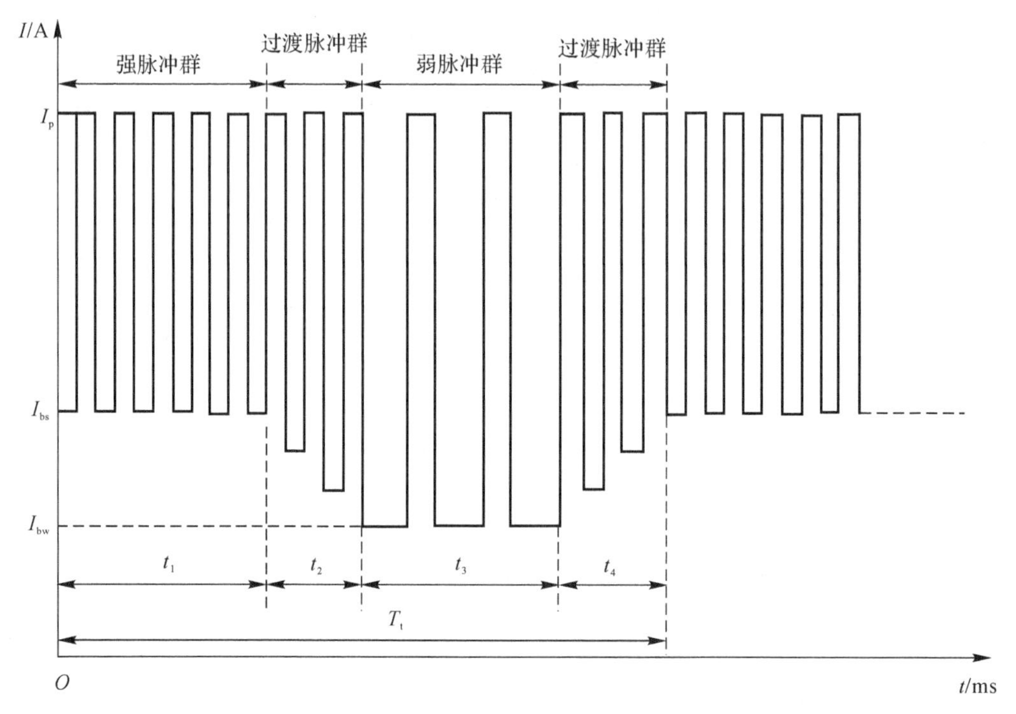

图 2－6　铝合金梯形波调制双脉冲焊电流波形

在图 2－6 中，I_p 表示强弱脉冲群和过渡脉冲群的峰值电流，I_{bs}、I_{bw} 分别是强脉冲基值电流、弱脉冲基值电流，一个周期内的两个过渡脉冲群对称分布，且过渡脉冲群基值大小等差变化，差值记为 Δi，T_t 表示梯形波的低频周期，t_1、t_2、t_3、t_4 分别表示强脉冲群持续时间、强脉冲群到弱脉冲群过渡脉冲群持续时间、弱脉冲群持续时间、弱脉冲群到强脉冲群过渡脉冲群持续时间，它们之间的关系见下式：

$$T_t = t_1 + t_2 + t_3 + t_4 \tag{2-4}$$

平均电流 I 的表达式见下式：

$$I = \frac{(I_p t_{ps} + I_{bs} t_{bs})M + (I_p t_{pw} + I_{bw} t_{bw})N + 2\{\sum_i [I_p t_{ps} + (I_{bs} - \Delta i) t_{bs}]\}}{T_1} \tag{2-5}$$

式中的 $\sum_i [I_p \times t_{ps} + (I_{bs} - \Delta i) \times t_{bs}]$ 表示由强脉冲群到弱脉冲群的过渡脉冲群电流在时间上的加权总和。梯形波调制特点是弱脉冲群的高频周期明显大于强脉冲群的高频周期，过渡群的峰值时间和基值时间与强脉冲群的一致。过渡脉冲群的加入使电流变化趋于平缓，减小了由于基值电流变化带来的电弧稳定性和熔池冲击的影响。

2.2.2　基值电流变化试验设计

影响铝合金焊缝成形的因素有很多，其中电流幅值、频率、焊接速度以及电流大小是很重要的影响因素，试验测得几组常用的焊接电流与焊接速度的对应关系，见表 2－1。考虑到试验所用的铝合金板厚为 3 mm，不宜选择过大电流，试验选择焊接电流大小为 90 A。本小节研究铝合金双脉冲焊中基值电流大小对焊缝成形的影响。

表 2－1　焊接电流与焊接速度对应关系

焊接参数	焊接参数对应数字量				
焊接电流/A	85	90	95	100	105
焊接速度/(cm・min^{-1})	54.0	56.5	59.0	61.5	64.0

试验采用矩形波调制双脉冲焊，在单脉冲焊脉冲波形参数的基础上设计试验参数。选择平板堆焊，焊接电流大小为 90 A，对应的焊接速度为 56.5 cm/min，强弱脉冲的峰值电流和峰值时间相同、基值电流不同、基值时间相同，高频周期为 12 ms，低频调制频率为 5 Hz，强弱脉冲个数比 $M:N$ 为 8∶8，焊接试件材料为 AA6061－T6 铝合金，焊丝为 ER4043，选择纯度为 99.99%的氩气作为保护气体，气体流量设定为 16 L/min。试验参数设计见表 2－2，记强弱脉冲峰值电流均为 I_p，强弱脉冲峰值时间均为 t_p，共 a1～a7 七组试验，Δi 表示强脉冲群的基值电流大小与弱脉冲群的基值电流大小之差。

表 2－2　铝合金双脉冲 MIG 焊接参数

序　号	I_p(A)/t_p(ms)	I_{bs}(A)/t_{bs}(ms)	I_{bw}(A)/t_{bw}(ms)	Δi(A)
a1	270/2.4	52/9.6	38/9.6	14
a2	270/2.4	55/9.6	35/9.6	20
a3	270/2.4	58/9.6	32 /9.6	26
a4	270/2.4	61/9.6	29/9.6	32
a5	270/2.4	64/9.6	26/9.6	38
a6	270/2.4	67/9.6	23/9.6	44
a7	270/2.4	70/9.6	20/9.6	50

2.2.3　试验结果分析

焊接过程中电弧电压和焊接电流的稳定性是焊接过程的重要表现，图 2－7 为铝合金矩形波调制双脉冲焊改变基值电流大小的七组试验过程所采集到的电信号波形，从图中可以看出每组试验采集到的电弧电压都比较有规律，电弧电压稳定在 22 V 左右，强脉冲时对应的电弧电压比弱脉冲时对应的电弧电压增大一些，电弧电压有规律地变化，强弱脉冲基值电流的差值依次对应表 2－3 中的 Δi 大小，基值电流从 a1 到 a7 均匀变化，电流波形符合程序设定值，没有大的波动，每组试验焊接过程中的熔滴过渡均在一脉一滴或一脉多滴状态下进行。

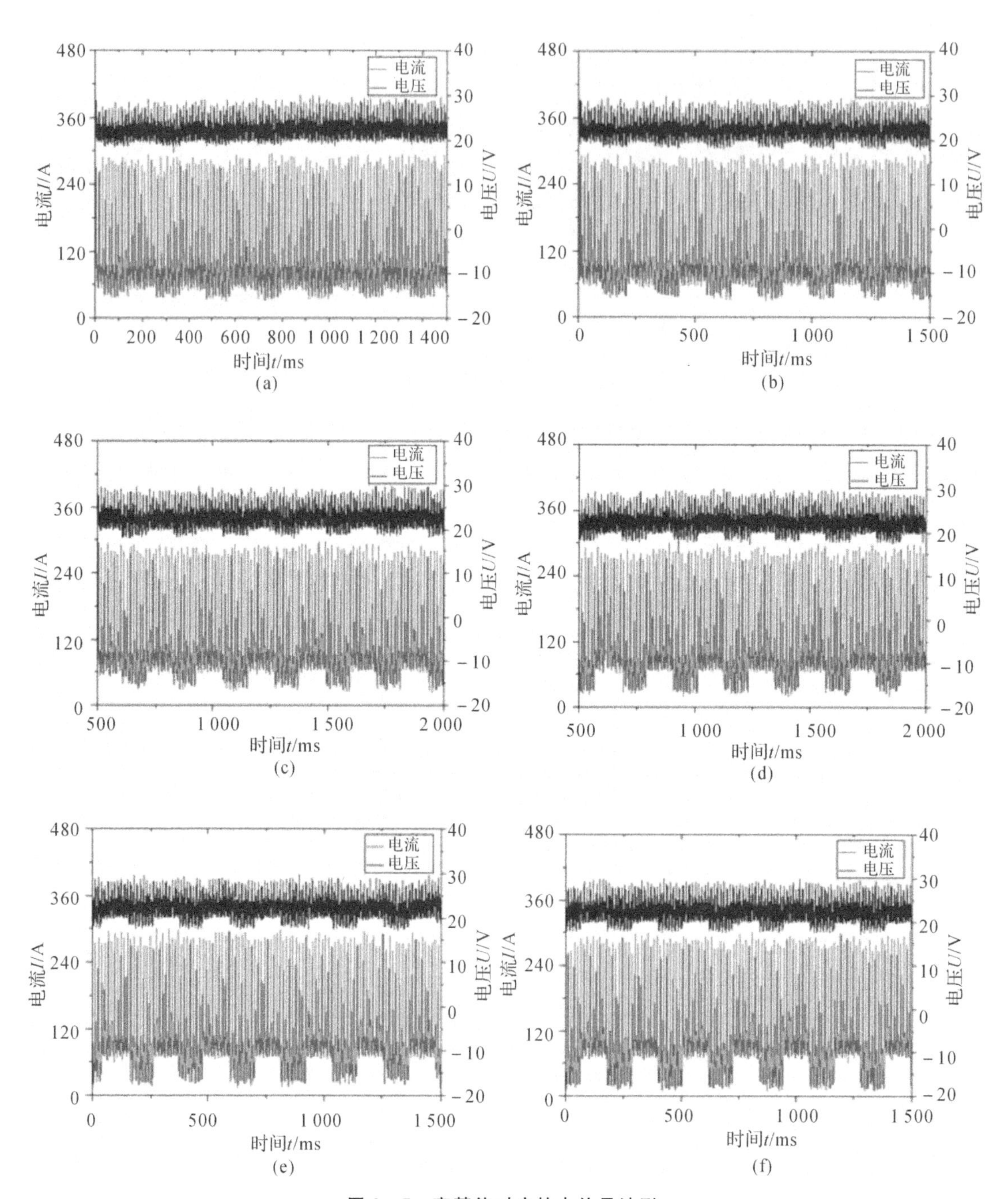

图 2-7　变基值对应的电信号波形

(a)a1；(b)a2；(c)a3；(d)a4；(e)a5；(f)a6；

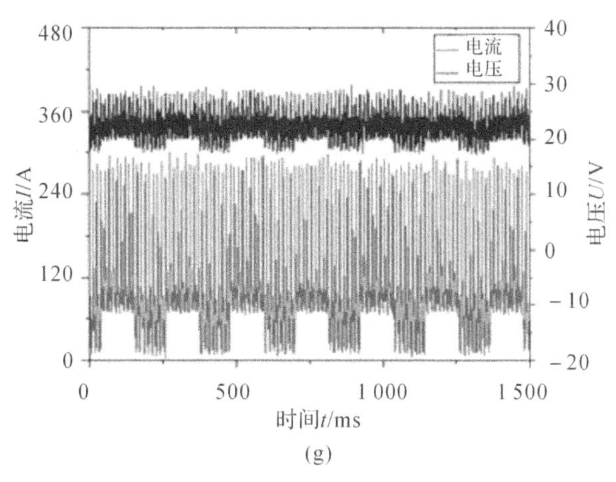

(g)

续图 2-7　变基值对应的电信号波形

(g)a7

采用 1.5 节设计的铝合金焊接电信号的评定系统对七组试验进行评定。电弧电压为 22 V，焊接电流设定为 90 A，焊接速度 56.5 cm/min。根据式(1-29)知七组焊接试验的线能量理论值为 210.3 J/mm，小波分析系统对七组试验采集的焊接电流、电压概率密度中的 X、Y 以及线能量差值进行归一化，按照式(1-32)进行评分，最终七组试验评价综合得分见表2-3，a5 组试验得分为 82 分，为最高分，a1 得分最低，但是总体相差很小。结果表明强弱脉冲基值相差为 38 A 时，电信号最稳定，基值电流的变化对电弧稳定性影响不是很大。

表 2-3　七组试验评定综合得分(一)

试验序号	a1	a2	a3	a4	a5	a6	a7
综合得分	67	75	75	80	82	75	74

表 2-4 是 a1～a7 试验得到的焊缝形貌，由于每组试验的焊接电流和焊接速度都是相同的，所以可以看出几组试验所得的焊缝宽度基本没有较大的变化，从焊缝的外观来看，a1、a3 和 a7 三组试验得到的焊缝飞溅较多，a5 焊缝飞溅最少且焊接过程非常稳定，由于低频调制频率不变，所以七组焊缝的鱼鳞纹疏密程度基本相同，但是当强弱脉冲基值电流之差为较小的 14 A 时，类似单脉冲焊接，所得焊缝的鱼鳞纹比较模糊，随着 Δi 的增加，焊缝的鱼鳞纹越来越明显，通过试验观察，a5 和 a6 焊缝成形相对较好，且焊接过程较稳定。

表 2-4　变基值电流对应的焊缝形貌

编　号	焊缝形貌
a1	1 2 3 4 5 6 7 8 9 10 11 12 13 14

续表

编　号	焊缝形貌
a2	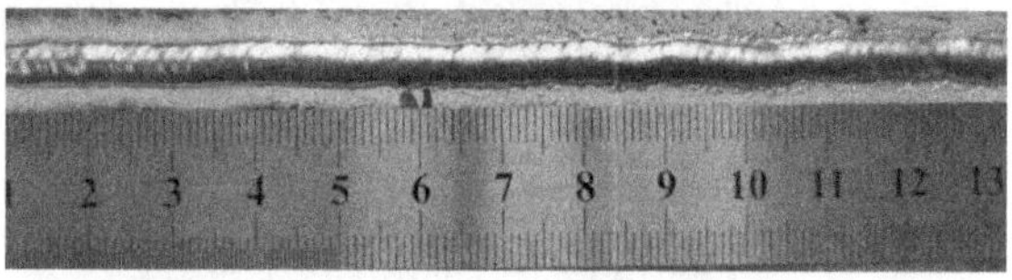
a3	
a4	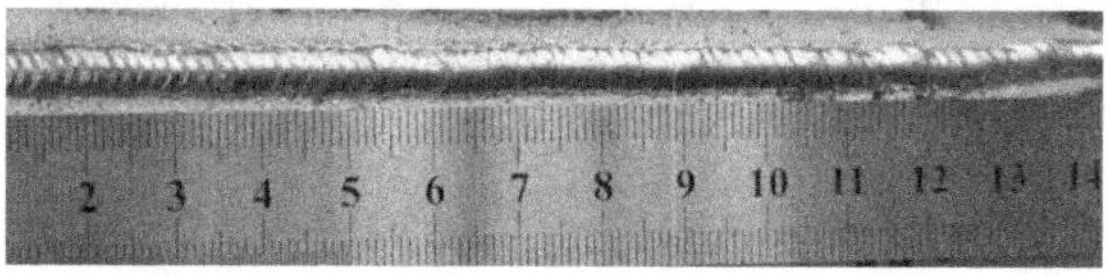
a5	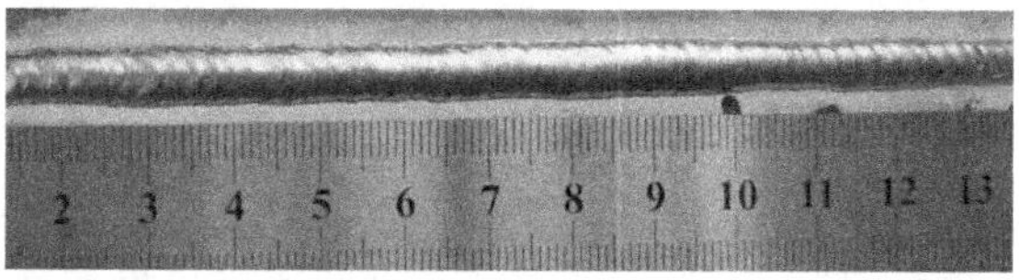
a6	
a7	

为了选择合适的基值电流，仅从宏观上观察是不够的，还需要对焊缝的力学性能进行分析，下面对七组试验所得到的焊缝进行拉伸试验。由于采用平板堆焊，试验采用沿焊缝的拉伸，并与AA6061-T6铝合金母材力学性能进行对比，根据国家标准《焊接接头拉伸试验方法》(GB/T 2651—2008)，对七组焊缝进行拉伸试验，拉伸结果见表2-5，并将拉伸结果绘制成直方图，如图2-8所示。试验所用母材(AA6061-T6铝合金)的抗拉强度为290 MPa，屈服强度为245 MPa，延伸率约为10.9%。结果表明，在a5焊缝中，强弱脉冲基值之差Δi为38 A对应的焊缝纵向抗拉强度最大，为280.8 MPa，但小于母材的抗拉强度值。a1焊缝的抗拉强度最小，为221.5 MPa，a1焊缝可能是焊缝出现裂纹导致力学性能最差。从图2-8可以看出，除a1焊缝外，其他几组的抗拉强度和屈服强度相差不大，结合电信号的评价结果和拉伸硬度等力学性能指标可得知，强弱脉冲基值之差Δi为38 A时，焊接效果最好。

表 2-5　焊缝的拉伸测试结果(一)

序　号	抗拉强度/MPa	屈服强度/MPa	延伸率/(%)
a1	221.5±8.2	168.6±6.5	9.4±0.6
a2	264.6±8.5	203.2±7.6	9.9±0.6
a3	276.5±8.5	215.8±7.7	10.5±0.7
a4	275.7±8.4	210.1±7.6	10.5±0.7
a5	280.8±8.7	219.6±7.8	11.0±0.7
a6	277.2±8.6	205.8±7.5	10.6±0.6
a7	268.1±8.5	203.9±7.5	10.2±0.5

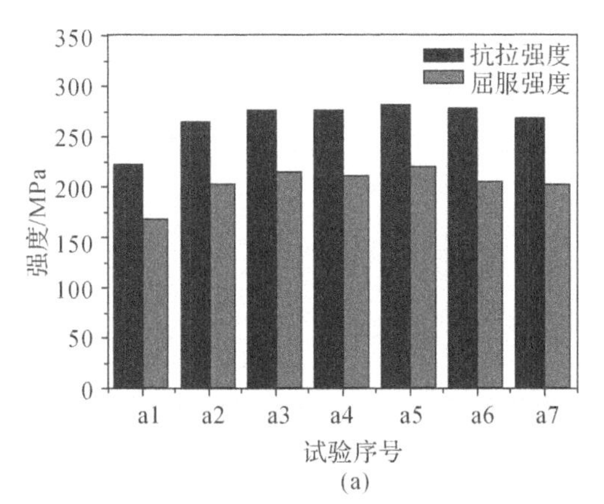

(a)

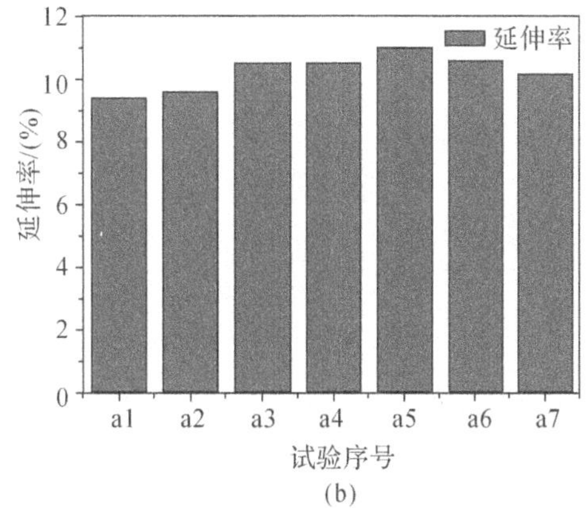

(b)

图 2-8　七组试验拉伸结果

(a)抗拉强度与屈服强度；(b)延伸率

2.3　调制双脉冲焊低频调制频率对焊缝成形的影响

在 2.2 节中，重点研究了双脉冲矩形波调制基值电流对焊缝成形的影响，并得出结论：强弱脉冲基值之差 Δi 为 38 A 时，焊缝成形最好。本节将重点研究双脉冲矩形波调制中低频调制频率对焊缝成形的影响。

2.3.1　低频调制频率变化试验设计

试验采用双脉冲矩形波波形调制，清理试验台，尽量将外界环境对焊接的影响降到最小，选择平板堆焊，焊接电流大小选择 90 A，焊接速度为 56.5 cm/min，电流与时间的参数选择 Δi 为 38 A 时对应的数值，即强弱脉冲峰值电流均为 270 A，基值电流差值为 38 A，高频周期为 12 ms，焊接材料为 AA6061-T6 铝合金，焊丝为 ER4043，其化学成分含量见表 2-6，选择纯度为 99.99%的氩气作为保护气体，气体流量设定为 16 L/min。试验参数设计见表 2-7，f 为低频调制频率，共七组试验 b1～b7，变频试验通过改变强弱脉冲个数比来实现。

表 2-6　AA6061-T6 与 ER4043 的化学成分含量　　单位：%

材　料	Mg	Si	Fe	Cu	Mn	Ti	Al
AA6061-T6	0.95	0.36	0.35	0.18	0.15	0.01	余量
ER4043	0.09	9.8	0.4	0.25	0.05	0.02	余量

表 2-7　双脉冲 MIG 焊变频试验参数设计

序　号	f/Hz	I_p(A)/t_p(ms)	I_{bs}(A)/t_{bs}(ms)	I_{bw}(A)/t_{bw}(ms)	$M:N$
b1	1	270/2.4	64/9.6	26/9.6	40∶43
b2	2	270/2.4	64/9.6	26/9.6	20∶22
b3	3	270/2.4	64/9.6	26/9.6	13∶15
b4	4	270/2.4	64/9.6	26/9.6	10∶11
b5	5	270/2.4	64/9.6	26/9.6	8∶8
b6	8	270/2.4	64/9.6	26/9.6	5∶5
b7	10	280/2.4	64/9.6	26/9.6	4∶4

2.3.2　试验结果分析

图 2-9 是七组试验过程所采集到的电信号波形，从图中可以看到强弱脉冲个数在改变，焊接电弧电压为 22 V 左右，波形比较平缓，波动很小，焊接的整个过程比较稳定，焊接过程中没有产生熄弧、断弧的现象，电弧声音比较规律，飞溅很少，焊接过渡均在一脉一滴或一脉多滴状态下。

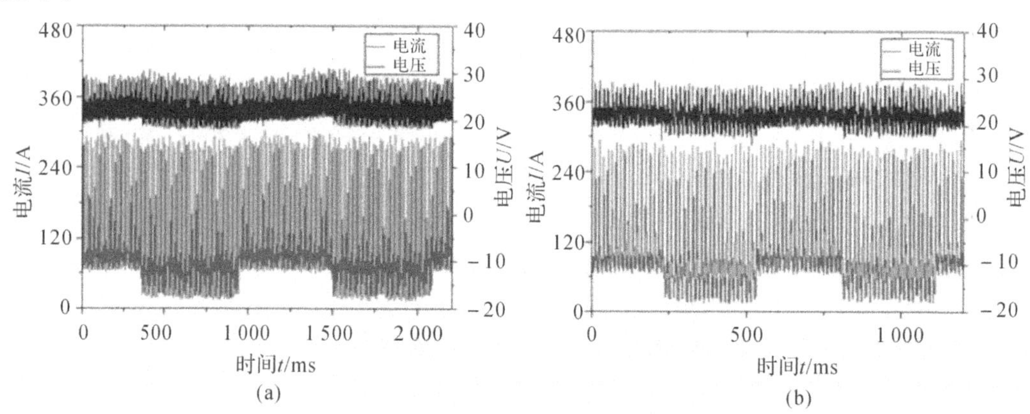

图 2-9　不同低频调制频率对应的电信号波形

(a)b1；　(b)b2

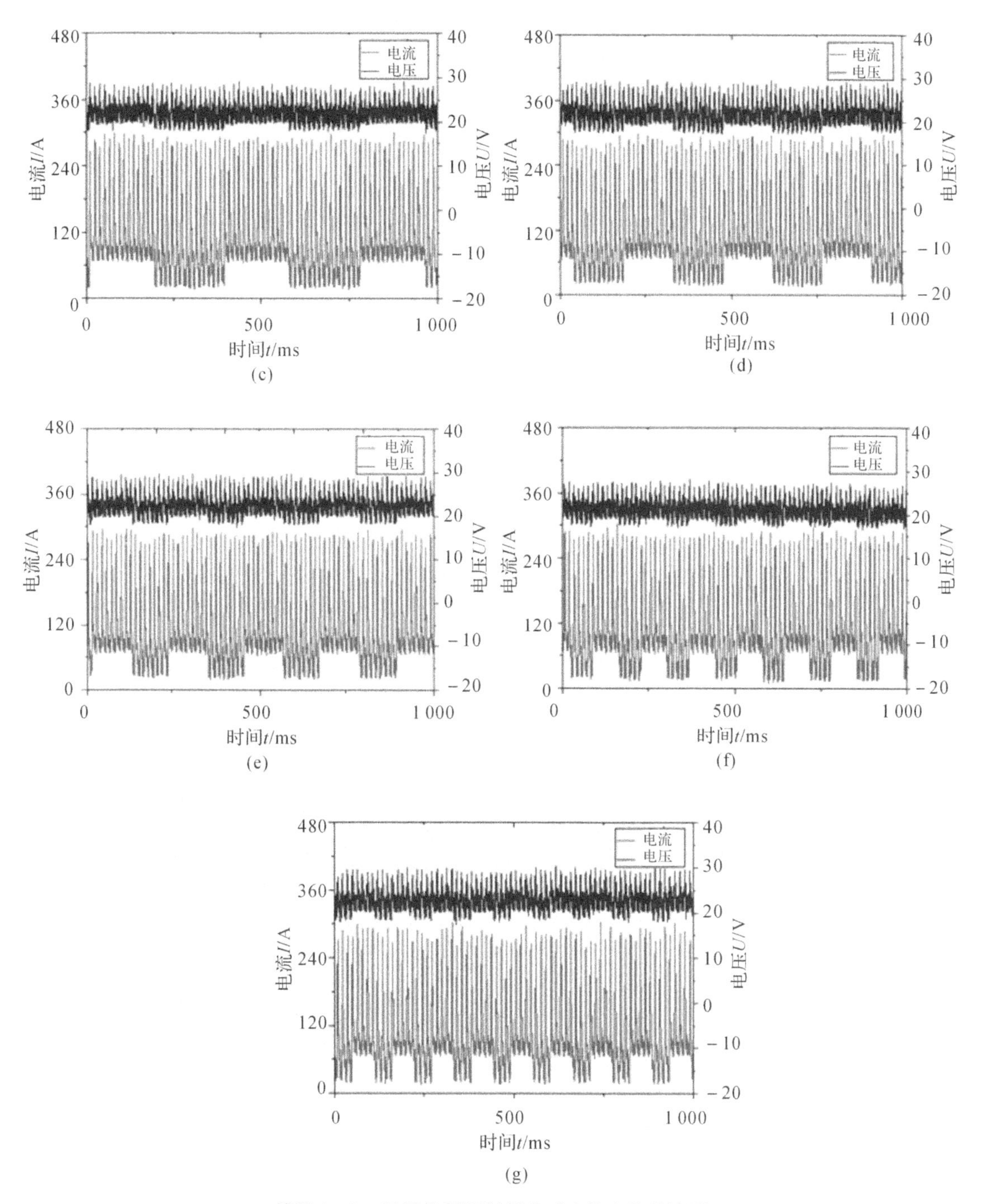

续图 2-9　不同低频调制频率对应的电信号波形

(c)b3；(d)b4；(e)b5；(f)b6；(g)b7

采用评定系统对七组试验采集到的电信号进行评定，由于焊接电流、电弧电压和焊接速度都不变，所以线能量的理论值仍为 210.3 J/mm。七组试验评价结果见表 2-8，由表 2-8 可以看出试验 b5 得分最高，为 83 分，b7 得分最低，为 73 分。

表 2-8　七组试验评定综合得分(二)

试验序号	b1	b2	b3	b4	b5	b6	b7
综合得分	80	77	79	79	83	78	73

表 2-9 是 b1～b7 试验得到的焊缝形貌，由于每组试验的焊接电流和焊接速度都是相同的，所以可以看出七组试验所得的焊缝宽度变化不大，但是调制频率的变化会改变鱼鳞纹的形状，低频调制频率越小，鱼鳞纹形状越明显。低频调制频率为 1 Hz 时，鱼鳞纹形状很细稀疏，由于低频调制频率越小，低频周期越长，强弱脉冲群周期熔滴过渡的差异变化越慢，见表2-9 中的 b1 焊缝形状。随着低频调制频率的增加，使得强弱脉冲群的熔滴过渡差异变化变快，形成细密的鱼鳞纹焊缝形状，见表 2-9 中的 b7 焊缝外观，从外观上看，b2、b3、b4、b5、b6 试验对应的焊缝外观成形比较美观，通过观察焊接试验过程发现，几组试验产生飞溅均较小，并且电弧声音比较有规律，熔滴过渡平稳。

表 2-9　不同低频调制频率对应的焊缝形貌

编　号	焊缝形貌
b1	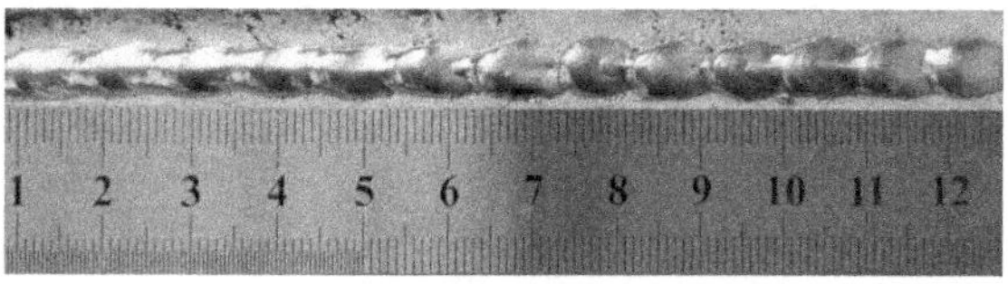
b2	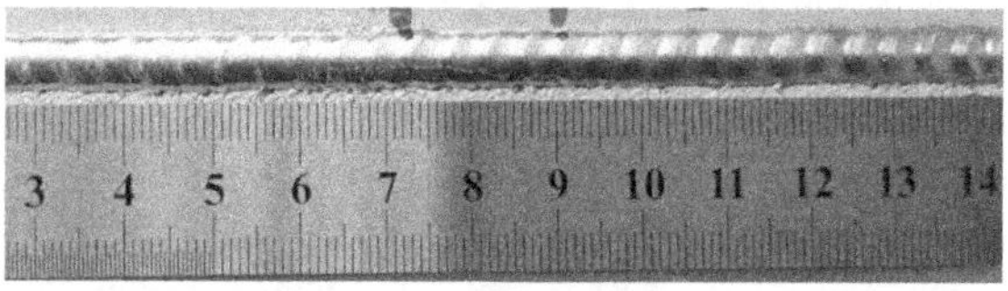
b3	
b4	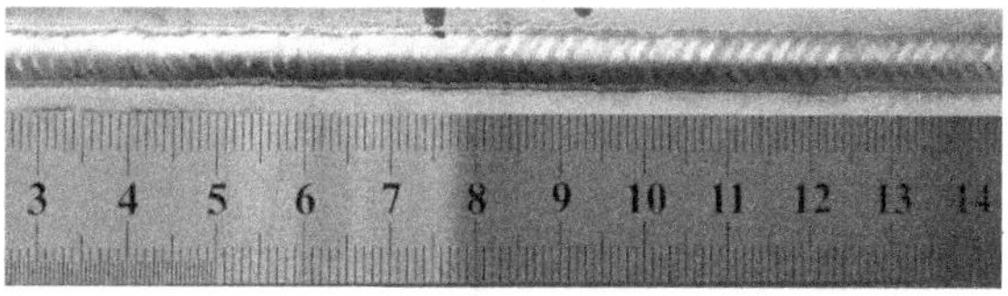
b5	

续表

编　号	焊缝形貌
b6	
b7	

为了进一步探究低频调制频率对焊缝力学性能的影响，选取拉伸强度作为力学性能的一个评定指标，根据《焊接接头拉伸试验方法》(GB/T 2651—2008)，对变低频调制频率的七组试验所得焊缝的纵向进行拉伸测试，拉伸试验结果见表 2-10，拉伸数据绘制成直方图如图 2-10所示。从表 2-10 中的拉伸测试结果得到，b1 和 b7 两组焊缝拉伸强度和屈服强度及延伸率较差，且焊接过程中有一些飞溅现象产生，当低频调制频率为 5 Hz 时，即表 2-10 中的 b5，焊缝纵向抗拉强度为 279.4 MPa、屈服强度为 215.2 MPa、延伸率为 10.9%。b5 组焊缝是七组试验中焊缝性能最优的，且电信号评定得分最高，焊接过程中飞溅很少，焊缝气孔很少且焊缝形貌美观，电弧稳定性最好。从图 2-10 中可以直观地看出，拉伸强度和屈服强度及延伸率随低频调制频率的变化有先增后减的变化趋势。

表 2-10　焊缝的拉伸测试结果(二)

序　号	抗拉强度/MPa	屈服强度/MPa	延伸率/(%)
b1	245.9±8.3	181.2±6.5	9.8±0.6
b2	260.1±7.9	196.2±7.3	10.2±0.8
b3	264.3±8.2	207.5±7.5	10.4±0.8
b4	260.5±8.2	197.4±6.8	10.3±0.8
b5	279.4±8.3	215.2±7.5	10.9±0.9
b6	258.1±7.9	194.5±7.2	10.1±0.7
b7	250.2±7.8	189.9±7.1	9.9±0.8

结合电弧电压、焊接电流概率密度、线能量等得到的评分结果和拉伸试验力学测试结果，最终得出，当铝合金焊接平均电流为 90 A 时，焊接速度为 56.5 cm/min，低频调制频率为 5 Hz，强弱脉冲基值之差为 38 A 时，得到的焊缝的外观形貌和力学性能都是最优的。

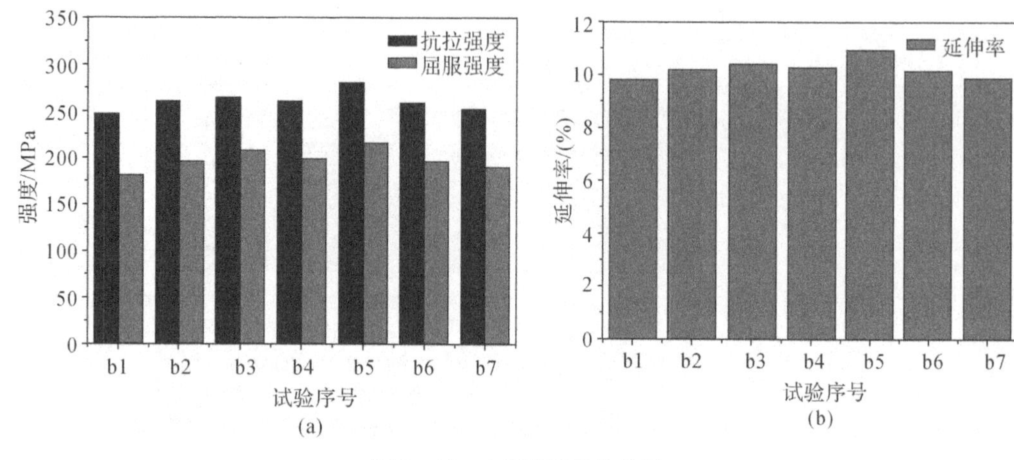

图 2-10 七组试验拉伸结果

(a)抗拉强度与屈服强度；(b)延伸率

2.4 强弱脉冲峰值电流之差对双脉冲MIG焊接头性能的影响

双脉冲 MIG 焊波形调制模式的强电流脉冲基值电流与弱电流脉冲基值电流相等，以确保在整个焊接过程中，电弧的燃烧保持稳定，不发生变化；仅改变强电流脉冲峰值电流与弱电流脉冲峰值电流，使之存在一定的差值(定义此差值为 ΔI_p，即 $\Delta I_p = I_{ps} - I_{pw}$)，以保持双脉冲 MIG 焊特性。从而 ΔI_p 的数值如何设定，即 ΔI_p 对双脉冲 MIG 焊接接头性能有何影响，需仔细研究。

2.4.1 试验材料与焊接参数

试验的母材为 6061-T6 铝合金，抗拉强度为 329 MPa，试板尺寸为 300 mm×100 mm×3 mm。试验采用对接焊，焊接设备为自主研发的 DP220 数字化焊机，焊丝为 1.2 mm 直径的 ER4043，保护气体为纯度为 99.99%的氩气，保护气流量为 15 L/min，焊接平均电流为100 A，焊接速度为 50 cm/min，低频频率为 5 Hz，峰值电流之差 ΔI_p分别设置为 10 A、20 A、30 A、40 A、50 A、60 A 和 70 A，共七组，这七组试验的双脉冲 MIG 焊接试验电流参数的设置见表2-11。

表 2-11 双脉冲 MIG 焊接参数

编 号	I/A	I_{ps}(ms)/t_{ps}(ms)	I_{bs}(ms)/t_{bs}(ms)	N_1	I_{pw}(ms)/t_{pw}(ms)	I_{bw}(ms)/t_{bw}(ms)	N_2	ΔI_p/A
B01	100	305/2.6	44.6/9.4	8	295/2	44.6/9.4	8	10
B02	100	310/2.6	44.6/9.4	8	290/2	44.6/9.4	8	20

续表

编　号	I/A	I_{ps}(ms)/t_{ps}(ms)	I_{bs}(ms)/t_{bs}(ms)	N_1	I_{pw}(ms)/t_{pw}(ms)	I_{bw}(ms)/t_{bw}(ms)	N_2	ΔI_p/A
B03	100	315/2.6	44.6/9.4	8	285/2	44.6/9.4	8	30
B04	100	320/2.6	44.6/9.4	8	280/2	44.6/9.4	8	40
B05	100	325/2.6	44.6/9.4	8	275/2	44.6/9.4	8	50
B06	100	330/2.6	44.6/9.4	8	270/2	44.6/9.4	8	60
B07	100	335/2.6	44.6/9.4	8	265/2	44.6/9.4	8	70

2.4.2　不同峰值电流之差对焊缝成形的影响

不同峰值电流之差对应的焊缝成形见表 2－12。从表中可以清晰地看出，试样 B01～B07 的焊缝与单脉冲 MIG 焊缝类似，皆没有清晰的鱼鳞纹。试样 B01 和 B04 的焊缝成形良好，飞溅较少，熔宽均匀，说明峰值电流之差为 10 A 和 40 A 时的双脉冲 MIG 焊的焊接过程稳定。峰值电流相差 20 A 时，试样 B02 在收弧阶段产生了断弧；峰值电流相差 30 A 时，试样 B03 在双脉冲 MIG 焊接过程中，焊缝由平滑连续变为一个大滴连着一个大滴，说明熔滴过渡形式发生了变化，连续焊缝对应的熔滴过渡形式为一脉一滴或一脉多滴，一个大滴连着一个大滴的焊缝对应多脉一滴的熔滴过渡；峰值电流相差 50 A 时，试样 B05 在收弧阶段产生了断弧；峰值电流相差 60 A 时，试样 B06 在双脉冲 MIG 焊接过程中存在多处断弧又重燃的现象，焊缝形貌由中期的连续焊缝变为后期的一个大滴连着一个大滴的滴状焊缝；峰值电流相差 70 A 时，试样 B07 在双脉冲 MIG 焊接过程中，焊缝形貌存在大量滴状熔滴，这种焊缝特征与峰值电流相差 30 A 时的焊缝非常类似。

表 2－12　不同峰值电流之差对应的焊缝成形

编　号	焊缝外观(长度:100 mm)
B01	
B02	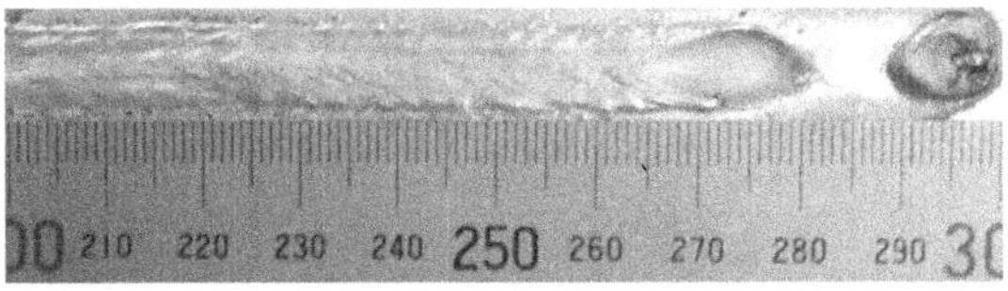
B03	

续表

编　号	焊缝外观(长度:100 mm)
B04	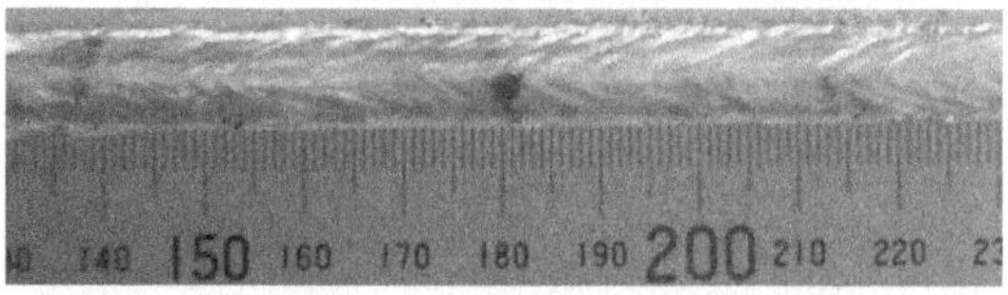
B05	
B06	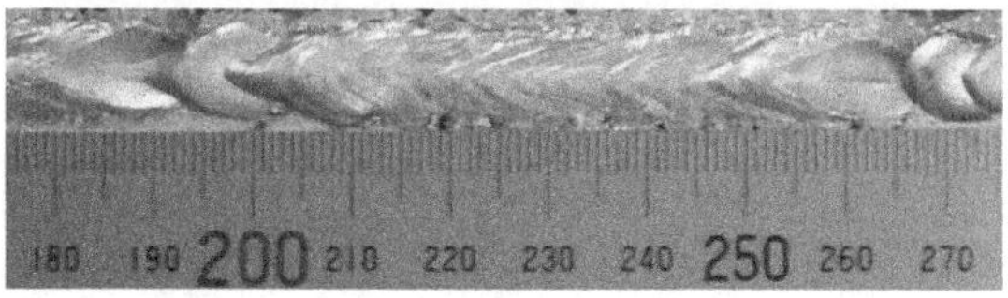
B07	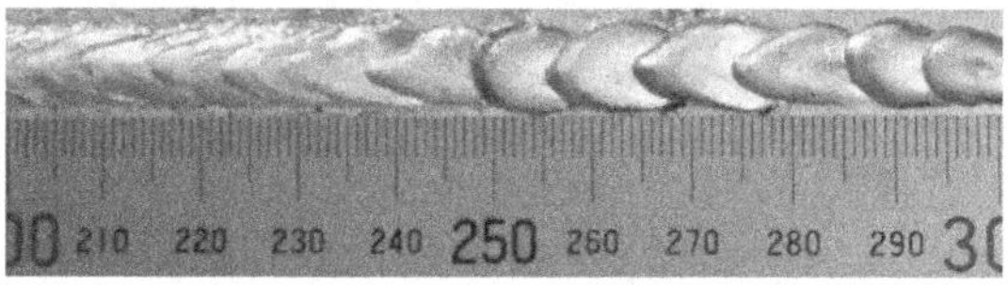

以上试验结果说明,双脉冲 MIG 波形调制对峰值电流之差的参数匹配范围窄,只有少量的峰值电流之差参数能维持双脉冲 MIG 焊接过程中熔滴过渡的稳定,大多数峰值电流之差参数下的熔滴过渡形式不稳定,存在多种熔滴过渡形式,导致焊接接头存在大量断弧和未熔透的缺陷,因此峰值电流之差波形调制不是理想的建立双脉冲 MIG 焊专家数据库的候选模式。

2.5　工艺参数对铝合金双脉冲 MIG焊焊缝成形的影响

如何实现铝合金美观、高效的焊接,一直是一个棘手的问题,原因是铝合金具有导热、导电性好,线膨胀系数大,可焊性差的特点。虽然用 TIG 焊也可以得到漂亮的鱼鳞状焊缝外观,但生产效率低,难于满足大规模生产的要求。脉冲 MIG 焊生产效率高,易实现自动化生产,但在焊接质量上存在一定问题。双脉冲 MIG 焊(低频调制型脉冲 MIG 焊)是在常规脉冲 MIG 焊技术的基础上针对铝合金焊接而设计的一种新工艺方法,通过这种方法在得到漂亮的鱼鳞状焊缝外观的同时,能保证较高的焊接生产率。双脉冲焊在 20 世纪末在日本开始应用,日本 OTC 公司的仝红军等于 2001 年将双脉冲焊介绍给中国焊接工作者。巴西的 C. L. Mendes da Silva 等对双脉冲焊接机理和孔隙形成进行了研究。国内的北京工业大学对双脉冲控制方法和工艺进行了尝试。作为一种新型的工艺方法,双脉冲各参数对焊接质量的影响规律还有待进一步的研究。为了更深入地了解双脉冲各参数对鱼鳞纹成形的影响，笔者对各工艺参数的影响规律进行了试验研究，并得出了低频频率、焊接速度与鱼鳞纹宽度的经验公式，为双脉冲焊铝工艺参数的选择提供了参考。

2.5.1　双脉冲 MIG 焊

双脉冲焊是在高频的基础上，再对高频电流波形进行低频调制，使单位脉冲的强度在强和弱之间按低频周期性切换，得到周期性变化的强弱脉冲群。高频是为了实现一脉一滴的熔滴过渡，而低频是为了控制熔池，即一个低频周期形成一个熔池，于是就形成鱼鳞纹。图 2-11 所示双脉冲焊接的主要参数包括：强脉冲峰值电流 I_{ps} 和时间 t_{ps}、强脉冲基值电流 I_{bs} 和时间 t_{bs}、弱脉冲峰值电流 I_{pw} 和时间 t_{pw}、弱脉冲基值电流 I_{bw} 和时间 t_{bw}、强脉冲时间 T_s 和弱脉冲时间 T_w，其中 pulsew 表示弱脉冲群，pulses 表示强脉冲群。在双脉冲焊接中，强弱脉冲群的高频脉冲参数和其他工艺参数的合理匹配，对提高焊接质量，获得美观的鱼鳞纹非常重要。

本试验平台由行走机构控制器及焊接试验台、焊接电弧动态小波分析仪、自行研制的数字化逆变电源、送丝机等设备构成。在试验中，利用焊接电弧动态小波分析仪对波形进行采集和分析，由数字化逆变焊机的双脉冲的控制系统实现实现双脉冲波形。

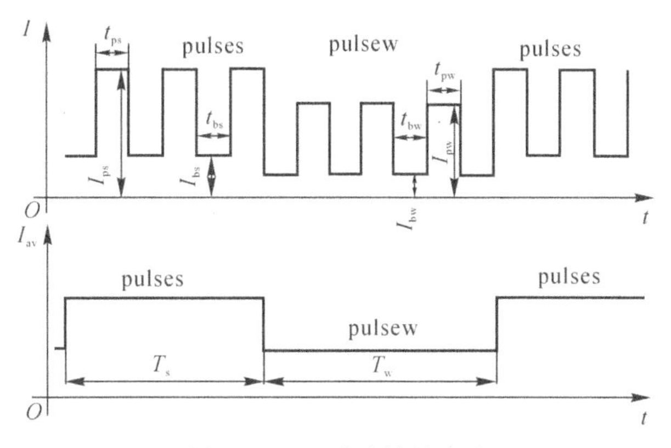

图 2-11　双脉冲控制波形

双脉冲焊铝试验基本条件为：焊丝直径为 1.2 mm、ER4043 铝焊丝、4.0 mm 厚铝板、保护气体为纯氩、气体流量为 30 L/min，焊丝干伸长为 15 mm、平板堆焊。分别改变焊接电流、高频频率 f_H(High frequency)、低频频率 f_L(Low frequency)、焊接速度 v_W(Welding velocity)研究焊缝成形，尤其是鱼鳞纹宽度的变化情况。图 2-12 中 W 定义为鱼鳞纹宽度。

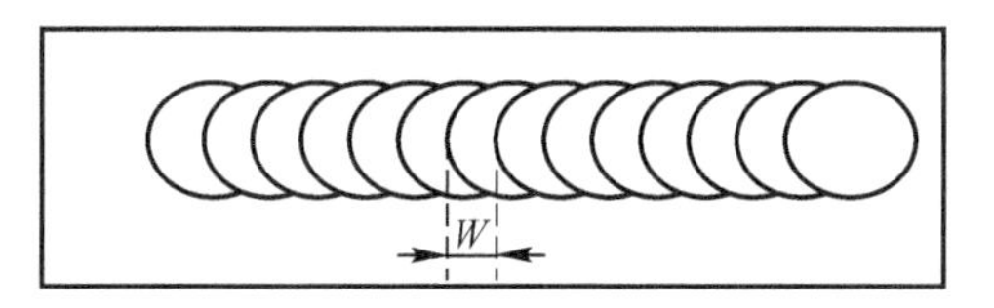

图 2-12　双脉冲焊焊缝表面示意图

2.5.2 试验结果及分析

1. 电流对焊缝成形的影响

首先根据单脉冲焊参数设置规律匹配 pulsew 和 pulses 的高频脉冲参数，就电流参数对焊接质量的影响进行试验研究。具体参数与焊接效果见表 2-13，试验 1～9 低频频率 f_L 均为 4.8 Hz，其中 T_s=90 ms，T_w=120 ms。试验 1～3 中 $t_{ps}=t_{pw}$=1.8 ms，试验 4～9 中 $t_{ps}=t_{pw}$=2 ms。基值时间根据试验效果匹配最佳参数。

表 2-13 具体参数与焊接效果

试验编号	I_{bs}/A	I_{ps}/A	I_{bw}/A	I_{pw}/A	v_w/(m·min^{-1})	f_H/Hz	W/mm	焊接效果
1	50	270	50	270	0.75	263	2.3	较好
2	50	270	50	270	0.90	263	2.6	好
3	50	270	50	270	0.75	250	2.8	好
4	50	270	50	230	0.75	250	2.4	好
5	50	270	50	230	0.90	250	2.8	很好
6	50	270	50	230	0.75	200	2.8	较好
7	70	280	50	220	0.75	250	2.6	一般
8	70	280	50	220	1.0	250	3.3	较差
9	70	280	50	220	0.75	200	2.6	一般

在强弱脉冲峰值和基值电流相同的情况下进行试验 1、2、3。试验中观察到在三组参数下均能获得较为理想的焊缝。试验 2 焊接速度提高到 0.9 m/min 后，焊缝鱼鳞纹比试验 1 明显一点；改变高频频率进行试验 3，对比发现试验 3 的焊缝质量与试验 1、2 没有明显区别，具体焊缝外观如图 2-13(a)所示。

在强弱脉冲峰值电流相差 40 A，基值电流相同的情况下进行试验 4、5、6。试验 4，试验 5 能获得较为理想的焊缝，如图 2-13(b)所示，试验 5 的焊缝美观、鱼鳞纹波纹细密、无气孔裂缝等缺陷。试验 6 的焊缝质量相对一般。因此，在强弱脉冲峰值电流和基值电流相差不是很大的情况下，影响焊丝熔化速度的主要有强、弱脉冲的峰值时间 t_{ps}、t_{pw} 以及强、弱脉冲时间 T_s、T_w。为了使弧长稳定，需要匹配合适的强、弱脉冲峰值时间 t_{ps}、t_{pw}。

对比试验 1、2、3 可知，试验 4、5 的焊缝比试验 1、2、3 好，焊接过程节奏明显，弧长周期性变化强烈，鱼鳞纹也更美观。典型焊缝与波形如图 2-13(b)所示。因此，可以认为强脉冲峰值电流和弱脉冲峰值电流设置成不同的值是必要的。

pulses 和 pulsew 不同的峰值电流可以引起熔池搅动，细化晶粒组织，从而获得更佳的焊缝性能。在强弱脉冲峰值电流相差 60 A，基值电流相差 20 A 的情况下进行试验 7、8、9。在试验 7、8、9 的焊接过程中电弧亮度剧烈变化，声音比较大，用肉眼可观察到电弧在两个长度间跳变。虽然整个焊接过程中弧压稳定，没有短路、断弧发生，但偶尔有小粒飞溅，焊缝成形不够美观的现象出现。从图 2-13(c)试验 9 的波形和焊缝也可以看出，鱼鳞纹不是很明显，焊缝呈现不均匀的粗结状纹。

由此可见，强弱脉冲峰值电流需要有一定差别，但并不是差别越大越好，一般来说相差40 A即可得到漂亮的鱼鳞纹。如果相差太大，则焊缝成形明显变差，焊接过程不容易控制。试验4、5、6也证明差别无需很大就能获得理想的双脉冲焊效果。通过上述试验发现焊接电流直接影响焊接过程的稳定性，但对鱼鳞纹宽度的影响不明显。

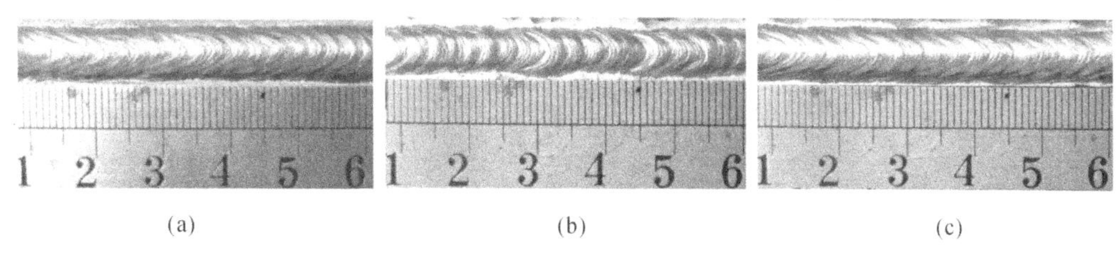

(a) (b) (c)

图2-13 典型焊缝照片

(a)试验3； (b)试验5； (c)试验9

2. 高频频率变化对焊缝成形的影响

一般来说，强脉冲峰值时间和弱脉冲峰值时间需要根据板厚合理设置，为了简便可以设置成一样的值，基值时间则可根据焊接过程的情况适当调整。现在试验4的基础上改变强弱脉冲峰值时间，即高频频率进行10～13号试验，具体参数见表2-14。从焊接过程来看，试验10的焊接过程声音频率比较高，并伴有少量飞溅，电弧燃烧能量大，成形不好，鱼鳞纹很浅，不明显。试验11和试验12焊接过程稳定，声音柔和，成形较好，试验12比试验11鱼鳞纹稍稍明显。试验13焊接过程偶尔出现短路，弧长变化较大，焊接不太稳定，焊缝外观美观程度一般。

表2-14 不同高频频率下的试验情况

试验编号	f_H/Hz	t_{ps}/ms	t_{bs}/ms	v_w/(m/min)	W/mm	焊接效果
10	263	1.8	2	0.8	1.2	一般
11	143	3	4	0.8	2.9	好
12	143	3	4	0.6	2.6	较好
13	91	5	6	0.8	2.9	较好

因此，高频频率对焊接过程的稳定性和飞溅都有比较大的影响。当高频频率较高时，由于峰值时间过短，熔滴过渡形式一般为多脉一滴，有时在基值过渡，有时在峰值过渡，焊缝成形不规则，飞溅较多。高频频率较低时由于峰值时间较长焊接过程虽然比较稳定，但是会产生一脉多滴、射流过渡等熔滴过渡形式，减弱脉冲焊熔滴过渡的控制效果；结合试验1～9可以发现高频频率为250 Hz的时候，焊接情况相对较好。通过试验11、13的对比还可发现，高频频率的改变主要影响焊接质量，但是对鱼鳞纹成形宽度的影响并不明显。

3. 低频调制频率变化对焊缝成形的影响

现在改变T_s和T_w(低频频率)，研究其对焊缝成形的影响，具体参数和试验结果见表2-15(表中未注明参数与试验4一致)。从焊接过程来看，试验14的焊接过程声音比较杂乱，并伴有飞溅和短路现象，电弧燃烧能量不足，鱼鳞纹粗大，焊缝成形效果一般，这说明若低频调制频率太低则输入能量不足，鱼鳞纹粗大。试验15焊接过程比较稳定，偶尔有短路和飞溅，成形也比较好，鱼鳞纹比较清晰。试验16焊接过程非常平稳，声音节奏感强，弧长变化稳定，成形漂亮，鱼鳞纹清晰流畅。试验 17 效果也比较好，鱼鳞纹明显，比较流畅。试验 18 焊接过程比较稳定，焊缝成形较好，但鱼鳞纹效果不够明显。

表 2-15 不同低频频率下的试验情况

试验编号	f_L/Hz	T_s/ms	T_w/ms	W/mm	焊接效果
14	2	200	300	7.1	一般
15	3	130	200	4.7	好
16	4.5	90	130	2.9	很好
17	4.8	90	120	2.9	好
18	5.5	80	100	2.7	较好

从图 2-14 可以看出随着低频频率的增加鱼鳞纹宽度递减。这是因为在焊接速度一定的情况下低频频率提高，那么每个鱼鳞纹形成时间相应缩短（低频周期），对应的鱼鳞纹宽度也相应变小。通过试验发现当低频调制频率低于 1 Hz 时焊缝表面鱼鳞纹宽度过大，高于 5.5 Hz 时波纹间隔过小，鱼鳞纹不明显，在 3～5 Hz 范围内焊缝外观最漂亮。

4. 焊接速度对焊缝成形的影响

在其他条件一定的情况下（未注明参数与试验 4 一致），改变焊接速度（0.55 m/min，0.70 m/min，0.75 m/min，0.80 m/min，0.85 m/min，1.0 m/min）进行试验。从试验中观察到，由于参数匹配合理，所有试验的焊接过程都非常平稳，声音节奏柔和，弧长稳定，6 条焊缝成形都不错，总体来说焊速低时鱼鳞纹波纹细密，焊速高时波纹粗大。如图 2-15 所示，随着焊接速度的提高，鱼鳞纹宽度逐步增加，据分析这是由于在电流、低频周期不变的情况下，提高焊接速度，一个低频周期内的焊接距离更长，而双脉冲一个低频周期形成一个鱼鳞纹，所以对应的鱼鳞纹宽度增加。因此，为了获得合适、漂亮的焊缝，需要根据实际需要调节焊接速度。

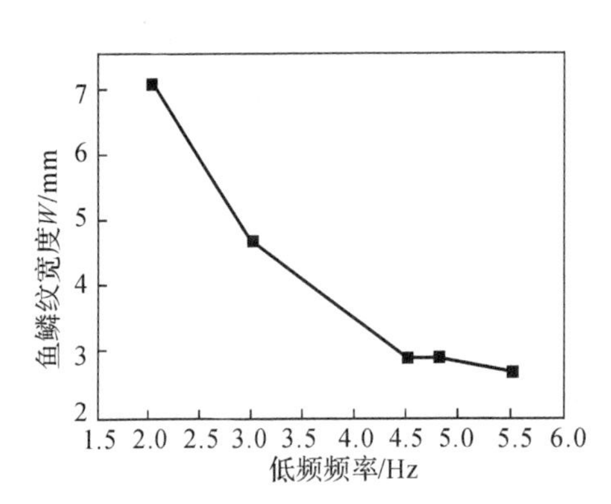

图 2-14 低频频率与鱼鳞纹宽度的关系

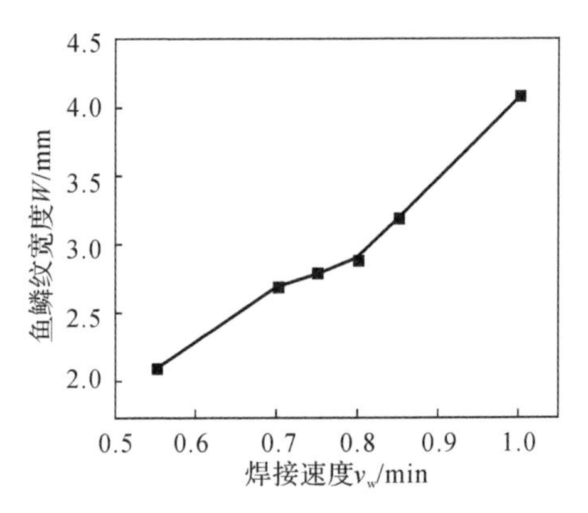

图 2-15 焊接速度与鱼鳞纹宽度的关系

5. v_w、f_L 综合变动对鱼鳞纹宽度的影响

双脉冲一个低频周期形成一个鱼鳞纹，那么直观理解，一个鱼鳞纹的大小也就是鱼鳞纹的宽度应与一个低频周期的位移（我们以 d 来表示）直接相关。d 实际上就是一个综合反映 v_w、f_L 变动的变量，因为根据定义，有

$$d = v_W(T_S + T_W) = v_W \frac{1}{f_L} = \frac{v_W}{f_L} \tag{2-6}$$

考察 W 和 d 之间的变化关系发现，W 和 d 之间具有很强的线性统计关系，二者之间的关系基本可以描述如下：

$$W=(0.057+17.63d)\times10^{-3} \tag{2-7}$$

式中：W 为鱼鳞纹宽度（mm）；$d=v_W/f_L$，f_L 为低频调制频率（Hz），v_W 为焊接速度。具体的试验点数据和拟合曲线如图 2-16 所示。

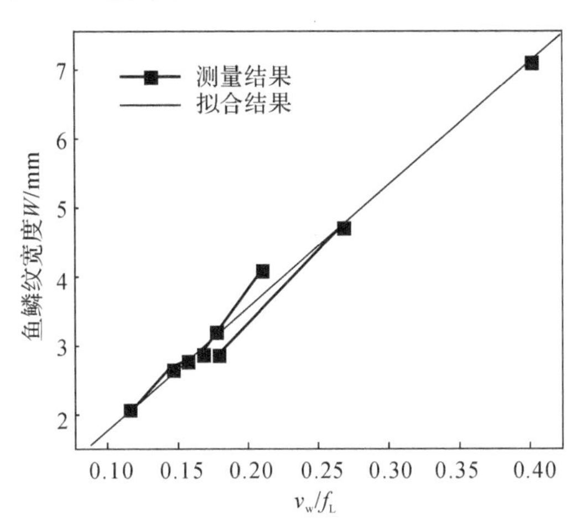

图 2-16　v_W/f_L 与鱼鳞纹宽度的定量关系

这样公式(2-7)就综合反映了 v_w、f_L 变动对焊缝成形（鱼鳞纹宽度）的影响。该公式表明，为了得到合适的焊缝外观，在进行双脉冲焊接时需根据焊接速度大小匹配低频调制频率，焊接速度越高，设定的低频调制频率也应该越高。对本系统而言，当 v_W/f_L 为 0.11～0.18 时能取得较好的焊接效果。

一般来说，鱼鳞纹太宽，起不到充分搅拌熔池的作用，失去了双脉冲焊的意义；鱼鳞纹宽度太窄，鱼鳞纹较浅，焊缝成形不好，通过试验分析发现鱼鳞纹宽度在 2～3 mm 之间时鱼鳞纹细密、规则，焊接效果较好。

2.6　梯形波调制双脉冲焊对比试验

在 2.2 节、2.3 节研究得到了矩形波调制电流波形最优基值电流和低频调制频率，考虑到基值电流变化对焊缝的拉伸强度等力学性能影响不大，本节主要研究梯形波调制双脉冲焊的低频调制频率对焊缝成形的影响，并与矩形波调制双脉冲焊对比分析。试验选择平板堆焊，焊接电流选择 90 A，焊接速度为 56.5 cm/min，焊接材料为 AA6061-T6 铝合金，试件尺寸和 2.3节试验选择相同，焊丝为 ER4043，直径为 1.2 mm，采用纯度为 99.99%的氩气作为保护气体，气体流量设定为 16 L/min。由于矩形波调制双脉冲焊中，低频调制频率为 1 Hz 和 10 Hz 时电弧不稳定且得到的焊缝抗拉强度较弱，因此在本试验中低频调制频率选择 2 Hz、3 Hz、4 Hz、5 Hz 和 8 Hz 作为变频范围。

图 2-17 所示是本次试验过程所采集到的电信号波形，c1、c2、c3、c4 和 c5 分别对应低频调制频率为 2 Hz、3 Hz、4 Hz、5 Hz 和 8 Hz，五组试验焊接电弧电压都稳定在 22 V 左右，电流

波形比较平稳，且电流波形符合设定值，熔滴过渡都是在一脉一滴或一脉多滴状态下。表2-16为梯形波双脉冲焊变频试验评价结果，可以发现c4试验得分最高，为89分，说明c4焊接试验中的电弧稳定性最好，c1得分最少，表示c1焊接过程电弧稳定性相比其他几组稍差。

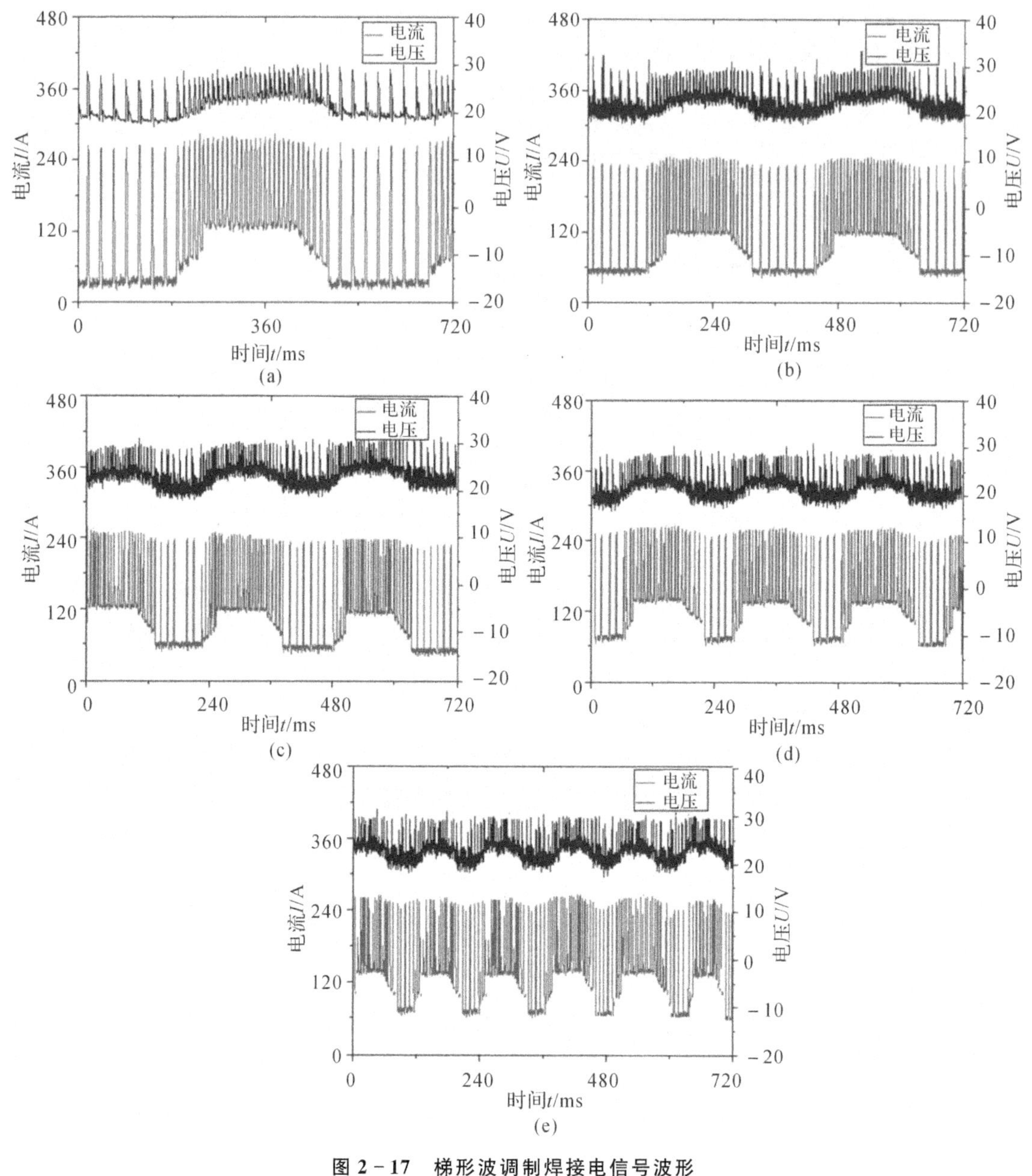

图2-17 梯形波调制焊接电信号波形

(a)c1； (b)c2； (c)c3； (d)c4； (e)c5

表2-16 五组试验评定综合得分

试验序号	c1	c2	c3	c4	c5
综合得分	77	81	86	89	88

表 2-17 是梯形波调制变频试验得到的焊缝形貌，表面光亮，焊接过程中几乎没有飞溅产生，外观具有清晰的鱼鳞纹形状。

表 2-17　变低频调制频率试验焊缝形貌

编　号	焊缝形貌
c1	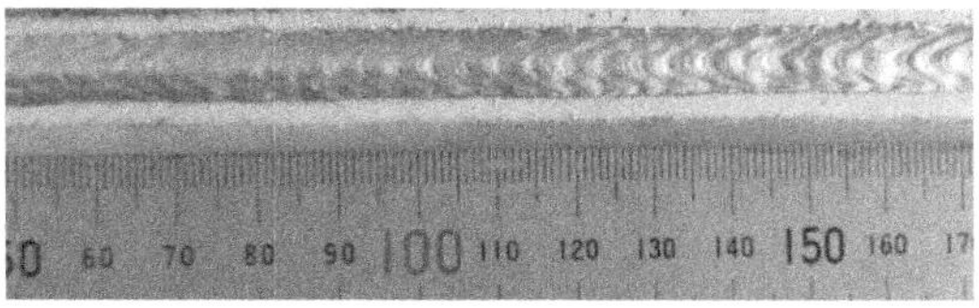
c2	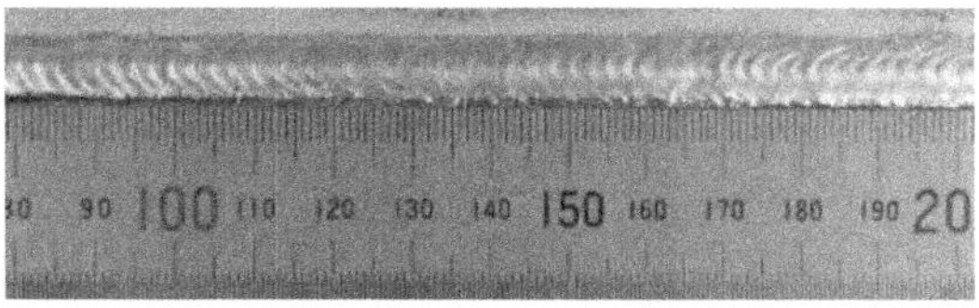
c3	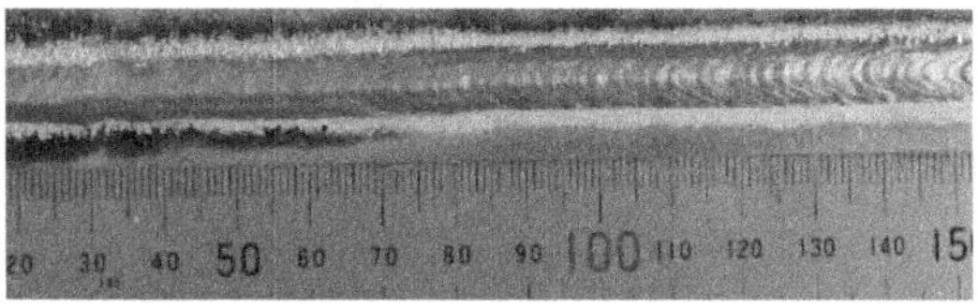
c4	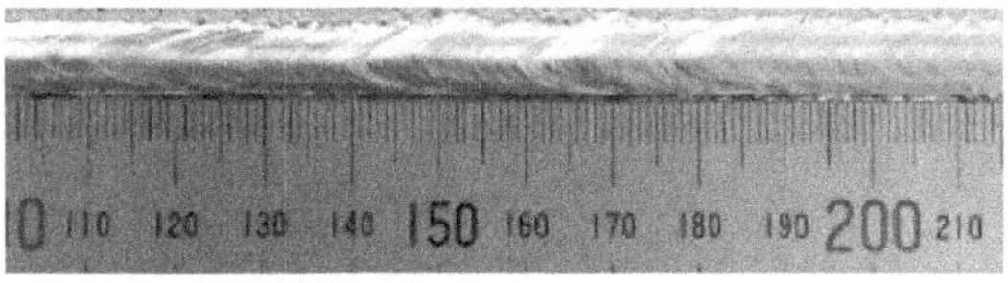
c5	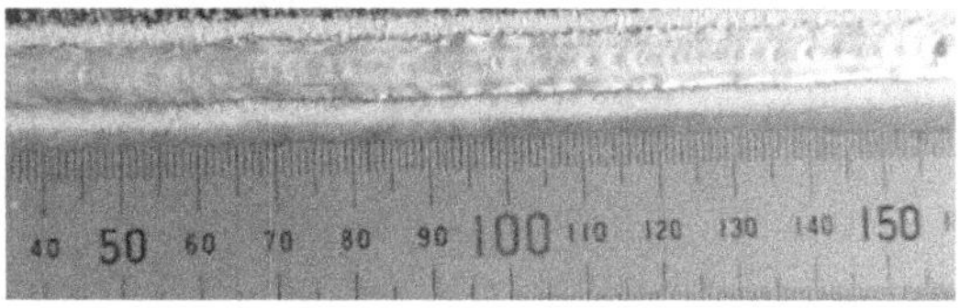

对五组试验得到的焊缝沿焊缝方向进行拉伸试验，结果见表 2-18。由表 2-18 可以看出 c4 试验得到焊缝抗拉强度最大，此时对应的低频调制频率为 5 Hz，抗拉强度最小的为 c1 焊缝，说明双脉冲梯形波调制所得到的最优参数为 c4 试验对应的参数。

表 2-18　焊缝的拉伸测试结果(三)

序　号	抗拉强度/MPa	屈服强度/MPa	延伸率/(%)
c1	258.2±8.6	199.2±6.5	9.9±0.7
c2	270.0±8.8	207.1±6.8	10.0±0.8
c3	268.6±8.6	208.4±6.8	10.2±0.8
c4	290.2±8.9	225.7±7.1	11.2±0.8
c5	286.8±8.8	221.2±6.9	10.8±0.7

将矩形波调制与梯形波调制双脉冲焊变频试验所得的铝合金焊缝性能对比，如图 2-18 所示，结果表明，低频调制频率为 2 Hz 时，矩形波调制双脉冲焊得到的焊缝的抗拉强度、延伸

率略大于梯形波调制焊接的焊缝的抗拉强度、延伸率，而对于其余几个低频调制频率，梯形波调制双脉冲焊得到的焊缝抗拉强度更大。低频调制频率为 3 Hz 时，矩形波调制双脉冲焊得到的焊缝屈服强度略大于梯形波调制双脉冲焊得到的焊缝屈服强度，在其他低频调制频率下均小于梯形波调制双脉冲焊得到的焊缝屈服强度值。这说明了梯形波调制双脉冲焊比矩形波调制双脉冲焊更具有优势，这是由于过渡脉冲群的存在减小了基值电流变化带来的电弧稳定性和熔池冲击的影响，且两种波形调制都在低频调制频率为 5 Hz 时，焊缝抗拉强度最大，此时，梯形波调制所得焊缝抗拉强度比矩形波调制得到的焊缝抗拉强度和屈服强度分别高出 10.8 MPa和 10.5 MPa。

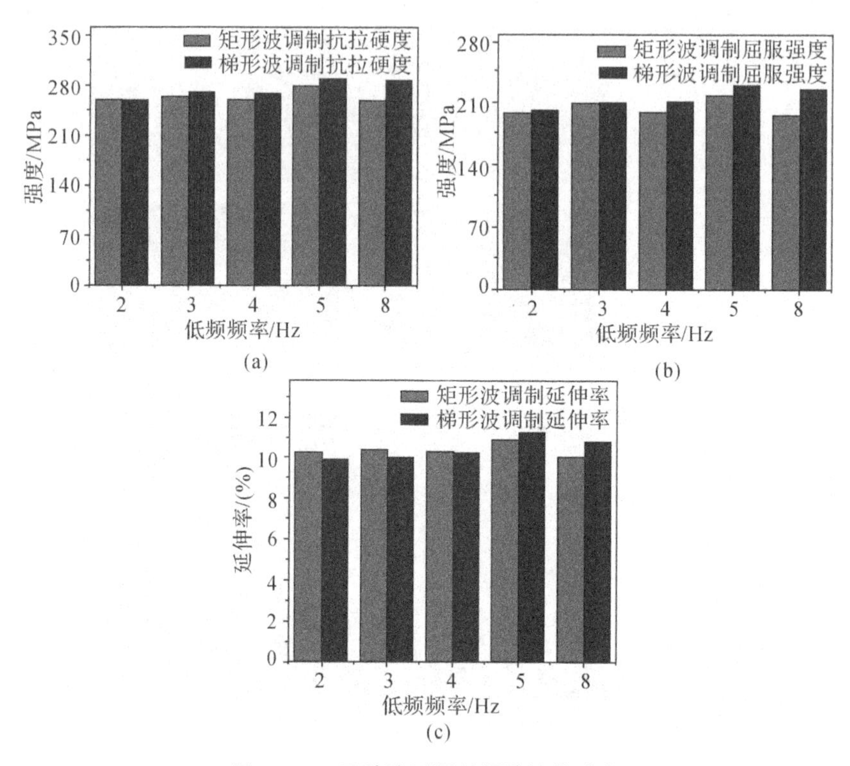

图 2-18　两种波形调制焊缝性能对比

(a)抗拉强度；（b)屈服强度；（c)延伸率

参 考 文 献

[1] HIRATA Y. Pulse arc welding[J]. Journal of Japan Welding Society, 2002, 71(3): 115-130.

[2] KUMAGAI M. Recent technological developments in welding of aluminium and its alloys[J]. Journal of Japan Welding Society, 2002, 71(5): 109-114.

[3] 仝红军，上山智之. 低频调制型脉冲 MIG 焊接方法的工艺特点[J]. 焊接，2001(11): 33-35, 40.

[4] MENDES D, SILVA C L. Evaluation of the thermal pulsation technique in aluminum welding

[D]. Minas Gerais, Brazil: Portuguese Federal University of Uberlandia, 2003.

[5] DA SILVA C L M, SCOTTI A. The influence of double pulse on porosity formation in aluminum GMAW[J]. Journal of materials processing technology, 2006, 171(3): 366-372.

[6] 王伟明. 逆变式 GMA 单脉冲和双脉冲焊机数字控制系统研究[D]. 北京:北京工业大学,2004.

[7] 殷树言,刘嘉,阎涛. 数控双脉冲焊接电源[J]. 现代制造,2004(28):46-47.

[8] 国旭明,杨成刚,钱百年. 高强 Al-Cu 合金脉冲 MIG 焊工艺[J]. 焊接学报,2004,25(4): 5-9.

[9] SEVIM I, HAYAT F, KAYA Y, et al. The study of MIG weldability of heat-treated aluminum alloys[J]. The International Journal of Advanced Manufacturing Technology, 2013, 66(9): 1825-1834.

[10] MILANI A M, PAIDAR M, KHODABANDEH A, et al. Influence of filler wire and wire feed speed on metallurgical and mechanical properties of MIG welding-brazing of automotive galvanized steel/5754 aluminum alloy in a lap joint configuration[J]. The International Journal of Advanced Manufacturing Technology, 2016, 82(9): 1495-1506.

[11] HAGENLOCHER C, WELLER D, WEBER R, et al. Analytical description of the influence of the welding parameters on the hot cracking susceptibility of laser beam welds in aluminum alloys[J]. Metallurgical and Materials Transactions A, 2019, 50(11): 5174-5180.

第3章 铝合金脉冲MIG焊电流波形控制

熔化极气体保护焊(Gas Metal Arc Welding,GMAW)是一种在气体保护下,利用焊丝和焊件之间电弧熔化连续给送的焊丝和母材,形成熔池和焊缝的焊接方法。这种方法具有高效、优质、低耗等优点,在当前获得了广泛的应用,能适用于各种金属多个领域多方位的焊接,其中脉冲惰性气体保护焊(Pulsed Metal Inert - Gas Welding,PMIG)焊接方法因其平均焊接电流较低,在一些对热输入要求很高的铝合金薄板合金金属焊接领域有更广泛的应用。研究证明,电流波形的变化对于焊缝成形有明显的作用。

3.1 铝合金脉冲MIG焊熔滴过渡

3.1.1 脉冲MIG熔滴过渡机理分析

1. GMAW熔滴过渡分类

熔滴是指在电弧焊时,从焊丝端头形成的,并向熔池过渡的滴状液态金属。熔滴过渡是指采用弧焊电源焊接时,由于受到电弧热的作用,焊丝或焊条端部熔化形成的熔滴通过电弧空间向母材熔池转移的过程。熔滴通过电弧空间进行过渡的过程受力非常复杂,主要受到液体表面张力、等离子流力、重力、斑点压力以及具有收缩效应的电磁力等控制。熔滴上受到的这些力的合力决定了熔滴过渡的具体方式,按照短路与否,熔滴过渡分为短路过渡和自由过渡;按照熔滴的尺寸大小,熔滴过渡分为大滴过渡和射流过渡等多种形式。

为了便于使用统一的术语和概念去交流和探讨问题,国际焊接学会(International Institute of Welding,IIW)对电弧焊熔滴过渡的分类曾经发表过许多见解,最后于1976年发表了IIW. DOC. VII - F - 173—1976文件。与GMAW有关的熔滴过渡的分类及特征见表3-1。

表3-1中的短路过渡形式、大滴过渡形式和喷射过渡形式是GMAW焊接中最为常见的几种过渡形式,下面从力学和焊接输入能量等方面详细分析这几种熔滴过渡形式形成的原理:

(1)短路过渡是指在熔滴形成后,正在长大时就与熔池接触发生短路,接着熔滴开始缩颈,在表面张力和电磁力的作用下从焊丝脱落跌入熔池并完成过渡,这种过渡在小电流和低电压时产生,在薄板焊接上应用较多。短路过渡对电源动特性要求很高,过渡形式中的电流、电压波形很重要,要有合适的短路电流上升速度、短路电流峰值以及空载电压恢复速度。短路过渡往往伴随有少量飞溅产生,熔滴过渡频率高,在焊接参数合适的情况下焊缝成形较好。

(2)大滴过渡是在电弧电压较高而电流较小时发生,此时弧长较长,熔滴不易与熔池接触,这种状态很难发生短路过渡。由于电流小，弧根面积小，熔滴和焊丝之间的电磁力以及熔滴和弧根之间电磁力不够大，不能使熔滴形成缩颈，而此时的斑点压力对熔滴过渡也起着阻碍作用，只能依靠重力来使熔滴脱落。大滴过渡电弧不稳定，飞溅多，噪声大，焊缝成形不好，是一种要尽量避免的过渡方式。

表 3－1　GMAW 熔滴过渡的分类及其特征

熔滴过渡类型		形　态	焊接条件
中文名称	英文名称		
1. 自由过渡	Free flight transfer		
1.1 大滴过渡	Globular		
1.1.1 下垂滴状过渡	Drop transfer		小电流 GMAW
1.1.2 排斥滴状过渡	Repelled transfer		CO_2 GMAW
1.2 喷射过渡	Spray transfer		
1.2.1 射滴过渡	Projected transfer		中等电流 GMAW
1.2.2 射流过渡	Streaming transfer		较大电流 GMAW
1.2.3 旋转射流过渡	Rotating transfer		过大电流 GMAW
1.3 爆炸过渡	Explosive transfer	气体	
2. 接触过渡	Bridging transfer		
2.1 短路过渡	Short circuiting transfer		短路 GMAW
2.2 搭桥过渡	Bridging transfer		填丝焊

(3)喷射过渡是采用氩气或富氩气体保护焊接时，在一定工艺条件下发生的熔滴过渡方式，通常又细分为射滴过渡、射流过渡和旋转射流过渡三种形式，这几种过渡方式的熔滴尺寸依次减小，焊接电流逐渐增大。射滴过渡的熔滴尺寸直径与焊丝直径相近，主要通过电流的电

磁力使之强制脱离焊丝端头，并快速通过电弧空间，向熔池过渡，电弧形状为钟罩形。如果电流继续增大，则会产生射流过渡，此时电弧形状变为锥形，焊丝端头形成铅笔尖状，熔滴尺寸为焊丝直径的1/3～1/5，以滴状向熔池过渡。射滴与射流过渡熔滴尺寸细化，电弧稳定，飞溅较小，焊缝成形良好，被广泛应用于焊接各种铝合金材料。旋转射流过渡焊丝伸出长度一般较大，焊接电流也较大，通常比射流过渡临界电流高出很多时才会出现，焊接过程中电弧摇摆不稳定、飞溅大、焊缝不均匀，应尽量避免。

2. PMIG焊熔滴过渡

对于PMIG而言，过渡方式主要包括短路过渡、大滴过渡、喷射过渡等几种，其中大滴过渡和喷射过渡中的旋转射流过渡都是不稳定的过渡形式，通常采用射滴过渡和射流过渡形式。获得射滴过渡和射流过渡的基本条件是：①采用纯氩或富氩作为保护气体；②直流反接，即焊丝接正极，工件接负极接法；③保持弧压，避免短路过渡；④焊接电流大于临界电流。

根据电流脉冲个数与熔滴过渡之间的关系，PMIG焊可以直观地被划分为多脉一滴（多个电流脉冲过渡一个熔滴），一脉一滴（一个电流脉冲过渡一个熔滴）和一脉多滴（一个电流脉冲过渡多个熔滴）。多脉一滴熔滴尺寸大小不同，一般比焊丝直径大很多，过渡时间长短也不同，整个熔滴过渡规律性不强，形成的焊缝不美观，实际焊接工作中，应尽量避免多脉一滴熔滴过渡的产生；一脉多滴过渡平均电流较大，一个电流脉冲导致多个熔滴滴落熔池，熔滴大小不一，比焊丝直径小很多，实际应用中焊缝成形效果也不错；一脉一滴熔滴过渡方式熔滴大小和焊丝直径相近，熔滴稳定，过渡节奏感最好，被广泛认为是最佳的过渡方式，但是只有比较狭窄的焊接参数匹配区间才能稳定地产生这种过渡形式，因此焊接参数之间的配合尤其重要，不少焊接研究人员研究新工艺希望能够获得稳定的一脉一滴熔滴过渡。

通常PMIG的电弧分为两层，外层较暗为暗区，而内层较亮为烁亮区。在烁亮区的边界形状轮廓分明，中间充满了金属蒸汽，该烁亮区外观形貌被称为电弧的形态。电弧形态在外观上大致可分为三种，分别为束状电弧、钟罩状电弧和锥状电弧。通过高速摄像机采集的图片观察，这些不同形状的电弧是由于熔滴过渡形式不同而产生的，束状电弧对应的熔滴过渡形式有大滴过渡和短路过渡，钟罩状电弧为射滴过渡，而锥状电弧为射流过渡。

铝合金焊接在射流过渡阶段，焊接过程十分稳定，对于不同种类和不同直径铝合金焊丝，确定其射流过渡的临界焊接电流是进行后继波形控制试验的前提，临界焊接电流可以利用殷树言提出的跳弧理论获得。铝合金焊接过程中，当焊接电流较小时，焊丝前端为球状熔滴，该滴的一部分被钟形电弧所笼罩，此时熔滴过渡为射滴过渡形式。随着电流的增加（或时间的延长）电弧的烁亮区逐渐上爬达到熔滴根部，此时缩颈更细，经过极短的时间，电弧就能从熔滴根部上跳到缩颈上，这一现象被称为跳弧现象。跳弧之后的焊丝端头都在电弧的笼罩之下，熔滴变成前端成圆弧状蘑菇形，焊丝端头呈铅笔尖状，电弧成圆锥形，这时的熔滴过渡就是射流过渡。因此，通过目视观察，根据电弧形态就可以判断熔滴过渡形式。这是测定临界电流试验，以及确定一脉一滴状态的理论依据。

3.1.2 铝合金一脉一滴实现

1. 脉冲MIG焊输出电流波形

采用恒流方式的脉冲MIG焊常见的电流脉冲波形有单脉冲方波和双脉冲方波两种电流波形。

(1) 单脉冲方波。单脉冲方波是 PMIG 中最简单、最常见的焊接电流波形，如图 3-1 所示。从图中可以看出，输出的电流波形是周期性脉动的，t_p 是峰值电流持续时间，t_b 是基值电流持续时间，脉冲峰值电流 I_p 和脉冲基值电流 I_b 不断交替。脉冲的峰值期间，峰值电流大于产生喷射过渡的临界电流，此时电弧形态为钟罩形，焊丝熔化形成熔滴进入熔池。在脉冲基值电流期间，电流较小，该阶段主要作用是维护电弧燃烧，并对焊丝起一定预热作用，不会产生熔滴过渡。

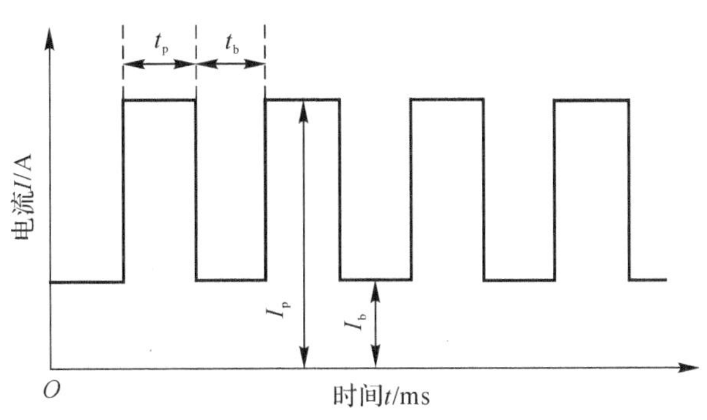

图 3-1　单脉冲方波

(2)双脉冲方波。随着铝合金材料的应用越来越广泛，PMIG 焊铝时焊缝容易产生气孔、不美观，因此研究者开发了一种新的电流脉冲波形——双脉冲熔化极气体保护焊(Double Pulsed Metal Inert-Gas Welding，DPMIG)，如图 3-2 所示。图中 T_W 表示弱脉冲群持续时间，T_S 表示强脉冲群持续时间，t_{sb}、I_{sb}(t_{sp}、I_{sp})分别表示单个强脉冲基值(峰值)的时间和电流，t_{wb}、I_{wb}(t_{wp}、I_{wp})分别表示单个弱脉冲基值(峰值)的时间和电流。DPMIG 目前的主流设计思路是采用高频脉冲的低频调制，在保持送丝速度不变的情况下，若干个高频强脉冲构成强脉冲群，同时若干个高频弱脉冲构成弱脉冲群，以低频周期的方式交替出现。强脉冲群平均电流和弱脉冲群平均电流不同，焊丝融化速度也不同，随着低频周期发生改变，焊缝就会呈现明显的鱼鳞纹外观。焊接过程中强弱脉冲群交替出现能对熔池产生规律搅拌的作用，促使熔池中的气体排出，减少焊缝中气孔的形成，进而提高了焊接质量。

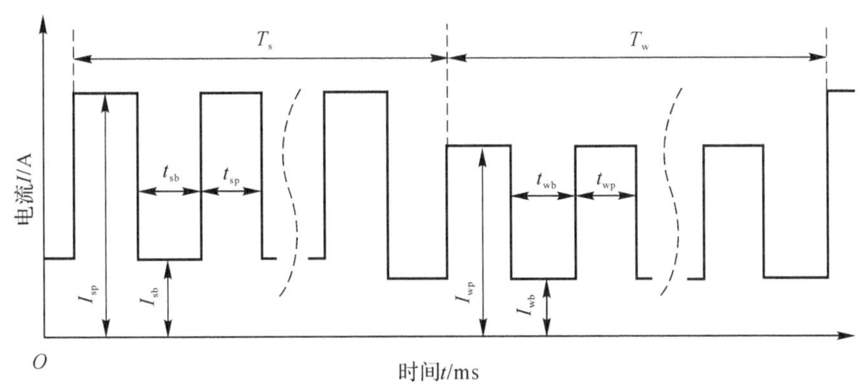

图 3-2　双脉冲方波

2. ER4043 铝合金一脉一滴临界曲线试验标定

目前一脉一滴数学公式大多数是通过试验建立的。如比较经典的公式是峰值电流 I_p 和峰

值时间 t_p之间幂的关系式：$I_p^n t_p = C$，该公式用来表明一脉一滴区域（n 和C 都是测定的试验常数），该式子说明峰值电流和时间对熔滴过渡形式起着决定性作用，并且电流大小对过渡形式影响较大；C. R. Tolle 应用静力平衡理论建立了一个数学模型，并以此来估计实现一脉一滴的优化条件；Jacobsen 建立了最小熔滴过渡时间 t_{dmin} 和峰值电流 I_p之间的关系：$t_{dmin} I_p^{1.67} = 43(I_p < 350\ A)$，$t_{dmin} I_p^{1.18} = 2.4(I_p > 350\ A)$；李士凯等人利用“质量-弹簧”理论建立了 GMAW 焊接熔滴长大和脱离的动态过程数学模型。这些模型在固定材料和直径焊丝，各种焊接参数匹配的前提下具有较好的预测效果，但不具备普适性。通过试验目测观察，焊接过程中电弧形状变化能够表明熔滴过渡形式发生了改变，束状电弧变为圆锥状电弧的瞬间电流可以定义为一脉一滴临界电流，此时可以观察到电弧发生明显的跳动。

笔者利用自制的数字化逆变电源，采用峰值时间可调脉冲作为试验方法，试验条件是：型号为 ER4043 的铝硅合金焊丝，直径为 1.2 mm，在 5 mm 的纯铝板上进行平板堆焊，保护气为 99.99%氩气，气体流量设置为 15 L/min，焊丝干伸长为 15 mm，行走机构速度恒定，等速送丝。在确定基值电流和时间的前提下调节峰值电流和时间，将出现跳弧的临界瞬间记录为射滴过渡的临界点，记录下此时的峰值电流大小和峰值时间。试验中发现，基值电流取值大小对于峰值的跳弧电流值影响不同，小的基值电流起到维弧和冷却熔池的作用，基值时间过长，往往需要大峰值电流和较长峰值时间才能熔滴过渡；而大基值电流除了能维弧外，还能预热和融化焊丝，从而导致较小峰值电流和较短峰值时间就可以熔滴过渡。表 3-2 是在设定基值电流 I_b为 50 A，基值时间 t_b为 2 ms 前提下记录的跳弧数据。

表 3-2　1.2 mm ER4043 跳弧数据

峰值时间/ms	0.9	1	1.1	1.2	1.5	1.7	2	2.2	2.5	2.7	3	3.5	4	5	6
峰值电流/A	338	300	271	251	227	208	190	185	180	175	172	168	161	155	150

将表 3-2 中的数据标定为跳弧曲线，如图 3-3 所示。从能量输入的观点来看，跳弧曲线上的各点能量不同，从瞬态来看，在焊接条件不变的前提下，曲线上焊接峰值能量与峰值电流成反比，与峰值时间成正比。焊接过程中，为了获得一脉一滴的熔滴过渡效果，可以将脉冲参数取在曲线上方的有限区间内。对于 3 mm 以下的铝合金薄板焊接，需要低能量、低平均电流、短时高峰值电流才能形成喷射过渡，这种观点用于指导铝合金薄板焊接具有重要的意义。

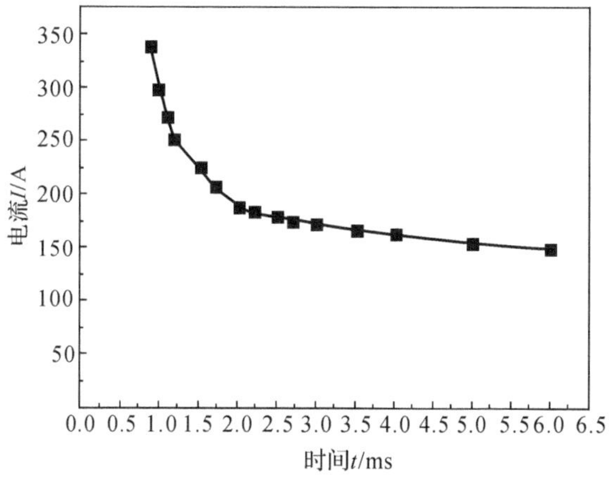

图 3-3　1.2 mm 铝合金焊丝 ER4043 跳弧曲线

3.2　电流波形控制技术

脉冲 MIG 焊是焊接技术的一次新的突破，它打破了以恒定电流模式来维持焊接稳定的概念，拓展了变动电流焊接的路径。脉冲 MIG 焊接利用控制峰值电流及时间有效地控制焊接能量，实现了小电流焊接薄板，适用于铝合金薄板。脉冲 MIG 焊接过程中有三种熔滴过渡模式：短路过渡、自由过渡和脉冲过渡，其中自由过渡又包含了大滴过渡、喷射过渡以及射滴过渡，上述过渡模式与电流的关系如图 3－4 所示。

大滴过渡也被称为明弧焊接，它的电流值相对于喷射过渡偏低，但同时高于短路过渡的电流值，一般发生在使用非脉冲电流源时。结合图 3－5 可知，喷射过渡的电流值大于脉冲过渡的电流值，其直接与液态金属的表面张力成正比，但是与电极的直径成反比，脉冲的喷射过渡使用低的基值电压以及高的峰值电流，这样就可以使其平均电流低于传统的非脉冲喷射过渡的电流。射流过渡期间焊接电流值升高，熔滴尺寸减小，电极的尖端变成锥形，与此同时轴向上形成一条非常细的熔滴柱，当操作电流超过 300 A 时，所述过渡被视为高电阻率和小直径焊丝。短路过渡出现在最低的电流范围内，熔融金属在电极和熔池之间以 20～200 滴/s 的速度从电极到工件进行直接接触过渡。脉冲过渡是通过焊接电源使得电流在大滴和喷射之间的范围内来回脉动，如图 3－5 所示，其原则是从电极的熔滴过渡根据焊接电流的两种方式获得，一种是低于由大滴模式下的一临界电流值（＜10 滴/s），另一种是高于喷射模式的临界电流值（每秒几百滴）。

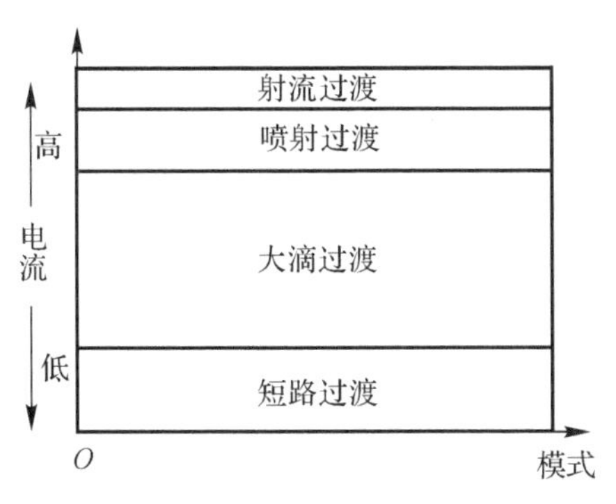

图 3－4　过渡模式与电流的关系

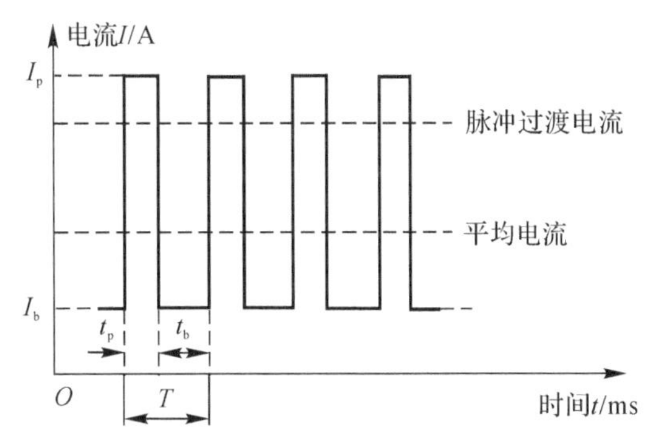

图 3－5　PMIG 示意图

3.2.1　单脉冲 MIG 焊电流波形控制

图 3－5 描述了单脉冲 MIG 焊（后面简称“PMIG”）的电流波形，PMIG 的控制参数较少，主要有脉冲峰值电流 I_p、脉冲基值电流 I_b、脉冲峰值时间 t_p、脉冲基值时间 t_b。脉冲峰值电流和基值电流就是上述提到的在控制过程中来回脉动的极限值，峰值电流大于喷射过渡的临界值，熔化对焊丝和工件建立熔池；基值电流较小，一般起到维弧和导电的作用，同时对焊丝还有预热的作用。然而 PMIG 极易产生气孔和氢致裂纹，导接头内部应力集中而发生失效。

3.2.2 双脉冲 MIG 焊电流波形控制

双脉冲 MIG 焊(后面简称"DPMIG")能够有效地降低裂纹敏感性和气孔发生率,并且能够焊接出美观的焊波。DPMIG 电流波形如图 3-6 所示,整个波形是由低能量脉冲群和高能量脉冲群组成,并且交替循环,也就是说,DPMIG 是在 PMIG 的基础上的高频脉冲的低频调制。图 3-6 中各参数的含义为:$I_{bw}(I_{pw})$、$t_{bw}(t_{pw})$分别对应于低能量脉冲群中脉冲的电流基值(峰值)、基值(峰值)时间,$I_{bs}(I_{ps})$、$t_{bs}(t_{ps})$分别对应于高能量脉冲群中脉冲的电流基值(峰值)、基值(峰值)时间,T_w为低能量脉冲群周期,T_s为高能量脉冲群周期(T_w与T_s相加为一个完整的周期 T,也就是低频周期),n 为低能量脉冲群的脉冲个数,m 为高能量脉冲群的脉冲个数。

在 DPMIG 一个完整的周期 T 内,高、低能量脉冲群的周期性变化致使焊接中存在着"冷热交替"的现象。铝合金的低熔点、高导热等特性致使诸如热裂纹、焊塌和焊穿等缺陷屡屡发生,然而铝合金表面致密的氧化膜又需稠密的能量才能得以消除,输入母材的能量过大又会导致焊穿、坍塌和接头软化等缺陷,因此输入母材的能量必须严格控制。

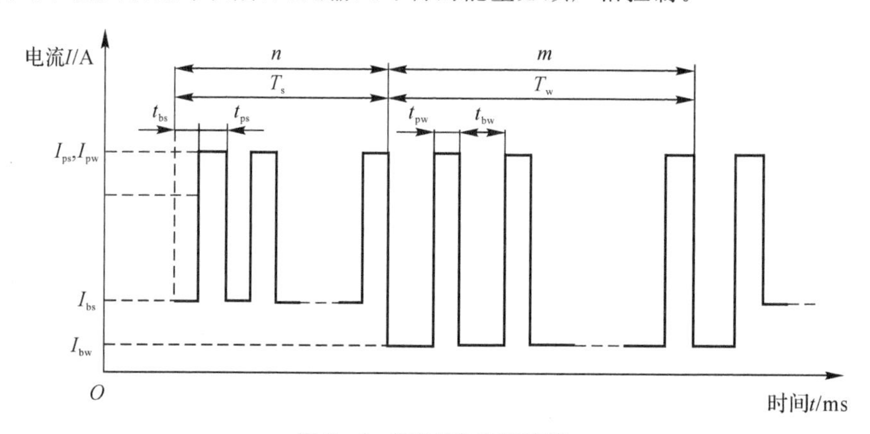

图 3-6 DPMIG 电流波形

根据图 3-6,结合 I. M Richardson 等构建的双脉冲焊接电流数学模型,可获得下列公式:

$$\bar{I}=\frac{nt_{bw}I_{bw}+nt_{pw}I_{pw}+mt_{bs}I_{bs}+mt_{ps}I_{ps}}{T_w+T_s} \tag{3-1}$$

其中

$$nt_{bw}+nt_{pw}=T_w=\frac{T}{2} \tag{3-2}$$

$$mt_{bs}+mt_{ps}=T_s=\frac{T}{2} \tag{3-3}$$

按照一般的原则有 $t_{pw}=t_{ps}$,$I_{pw}=I_{ps}$,为了方便计算假设 $t_{pw}=t_{ps}=t_p$,$I_{pw}=I_{ps}=I_p$,$T_w=T_s=\frac{T}{2}$,再综合式(3-1)~式(3-3)可得出

$$\bar{I}=\frac{1}{2}\left(\frac{t_{bw}I_{bw}+t_{pw}I_{pw}}{t_{bw}+t_{pw}}+\frac{t_{bs}I_{bs}+t_{ps}I_{ps}}{t_{bs}+t_{ps}}\right) \tag{3-4}$$

从式(3－4)中可以看出,在各参数都不变的情况下,电流值的改变不受频率变化的影响,因此高频脉冲的低频调制并不影响 DPMIG 焊接的调节电流范围。但当高、低能量脉冲群的峰值电流、基值电流以及峰值时间都确定时,高、低能量脉冲群的基值时间 t_{bw}、t_{bs} 就成为决定平均电流大小的关键因素。根据式(3－2)、式(3－3)可知,如果当 T_w 和 T_s 不变时,n、m 的变化与 t_{bw}、t_{bs} 的变化成反比,也就是说,如果需要减小电流,那么设定 n、m 就需要减小,t_{bw}、t_{bs} 也随之逐渐增大。值得注意的是,为了保证一个脉冲产生一个熔滴,应尽量减小基值电流的干扰,这就需要凸显高能量脉冲群的特点,同时 n 对影响 DPMIG 的鱼鳞纹所占权重较大,不能选得过小,但又不能过大,m 在保证维弧的前提下可以尽可能地减少,I_{bw} 设置在大于或接近维弧电流的范围内。

上述结论证明如下,设电流的子函数 $f(t)=\dfrac{ab+ct}{a+t}$(a 指 t_{ps},b 指 I_{ps},c 指 I_{bs},a、b、c 均不变,此处视为常数),则

$$f'(t)=\frac{a(c-b)}{(a+t)^2} \tag{3-5}$$

$$f''(t)=\frac{2a(b-c)}{(a+t)^3} \tag{3-6}$$

已知 $t_{ps}>0$,$I_{bs}<I_{ps}$,故 $a>0$,$c<b$,$f'(t)<0$,$f''(t)>0$,也就是说,当 t 增大时 $f(t)$ 减小,电流子函数为凸函数,也就意味着,当 $f(t)$ 越接近最小值的时候,变化的幅度会越来越小。

3.2.3　基于梯形波的双脉冲 MIG 焊电流波形控制

DPMIG 焊接中,弧长是不断变化的,从图 3－6 可以看出,DPMIG 的电流波形是一种基于矩形波的波形,当高能量脉冲群向低能量脉冲群过渡时,弧长和干伸长达到最大,而平均电流却突然减小,输出能量骤变,减小的电流实际上不足以维持较长的电弧,因此断弧会经常在这个时间段发生,母材在冷的情况下,断弧会更加严重。基于上述技术的缺点与不足,提出了一种基于梯形波调制的 DPMIG,为了便于区别称其为 TPMIG,其电流波形如图 3－7 所示。

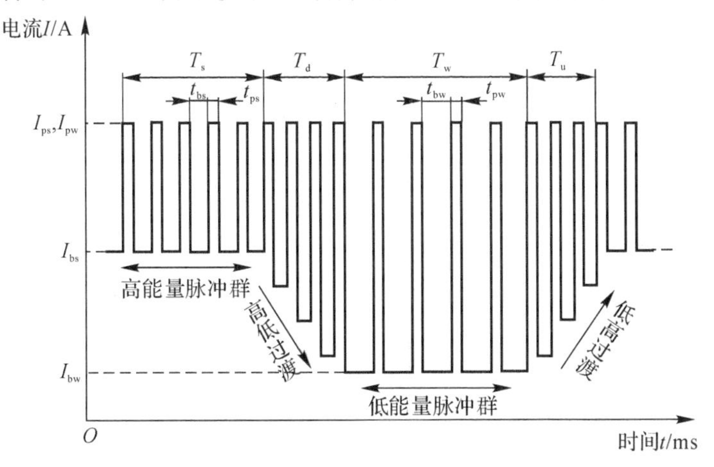

图 3－7　TPMIG 电流波形

TPMIG 其实是在 DPMIG 原有的高能量脉冲群向低能量脉冲群过渡时，增加了一个高低过渡脉冲群，随后低能量脉冲群向高能量脉冲群过渡时，增加了一个低高能量过渡脉冲群。其低频调制脉冲由于加入了高-低能量过渡脉冲群和低-高能量过渡脉冲群，调制波形由矩形变成梯形。当高能量脉冲群向低能量脉冲群过渡时，弧长和干伸长达到最大，这时高低能量过渡脉冲群的存在使平均电流逐渐减小，断弧现象得到显著抑制。实现了铝合金的高效焊接，输出能量逐级变化，可控性更强，焊接过程稳定、可靠，缺陷减少，接头成形良好。

低频调制信号包括峰值和基值两部分。峰值恒定不变，用 I_p 来表示，基值由高能量脉冲群、高-低能量过渡阶段、低能量脉冲群和低-高能量过渡阶段构成梯形，如图 3-8 所示。图中各参数与图 3-6 中的各参数含义相同，多出的 T_d、T_u 分别为高-低能量脉冲过渡时间、低-高能量脉冲过渡时间，且 $T_d = T_u$。假设图 3-8 中一个完整的低频调制周期为 T_1，其频率为 $f_1 = 1/T_1$。那么时间 t 在周期$[0, T_1]$的区间内对应在低频周期内的时间为

$$\tilde{t}_1 = t - \frac{t}{T} T_1 \tag{3-7}$$

由此，低频信号各阶段的基值电流可表示为

$$I_{b1} = \begin{cases} I_{bs}, & 0 \leqslant \tilde{t}_1 < T_s \\ I_{bs} - \dfrac{I_{bs} - I_{bw}}{T_d}(\tilde{t}_1 - T_s), & T_s \leqslant \tilde{t}_1 < T_s + T_d \\ I_{bw}, & T_s + T_d \leqslant \tilde{t}_1 < T_s + T_d + T_w \\ I_{bw} + \dfrac{I_{bs} - I_{bw}}{T_d}(\tilde{t}_1 - T_s - T_d - T_w), & T_s + T_d + T_w \leqslant \tilde{t}_1 < T \end{cases} \tag{3-8}$$

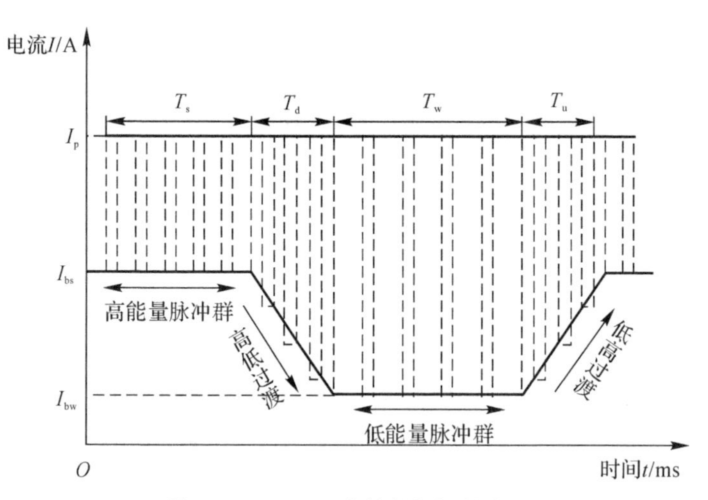

图 3-8 TPMIG 中的低频调制波形

高频调制信号由高能量脉冲群、高-低能量过渡脉冲阶段、低能量脉冲群、低-高能量过渡脉冲阶段四个阶段组成。高能量脉冲群是能量最集中的阶段，主要控制熔池熔深。低能量脉冲群主要有预热母材、维弧和稳定熔池的作用。高能量脉冲群和低能量脉冲群的峰值相等，基值不同，如图 3-9 所示。

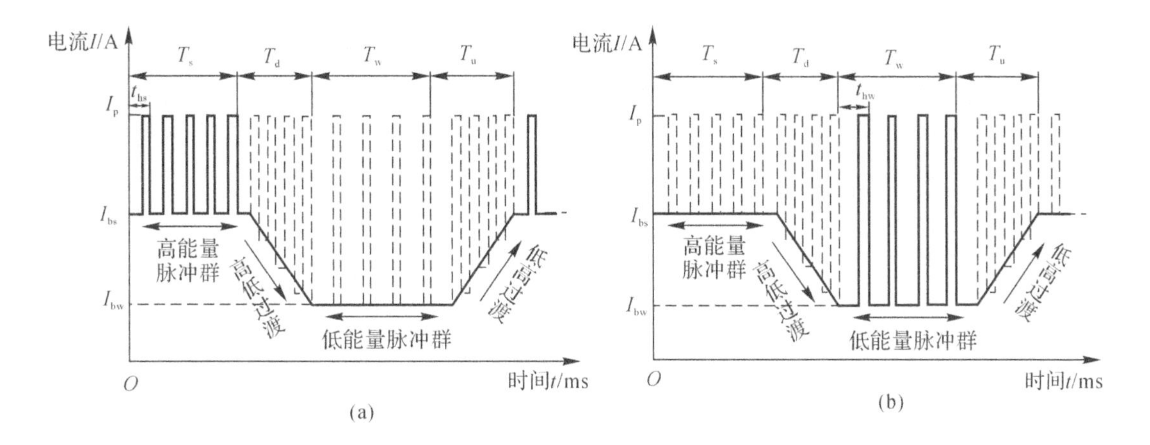

图 3-9　高频调制信号的高、低能量脉冲群

(a)高频调制信号的高能量脉冲群；(b)高频调制信号的低能量脉冲群

假设一个完整的高频调制周期为 T_h，高能量脉冲群的周期为 t_{hs}，其频率 $f_{hs}=1/t_{hs}$；高能量脉冲群的峰值与低频调制信号中的一致，基值为 I_{bs}，占空比为 D_s，根据上述的参数可知，高频时间对应在$[0,t_{hs}]$区间内的时间为

$$\tilde{t}_{hs}=\tilde{t}_1-\mathrm{INT}\left(\frac{\tilde{t}_1}{t_{hs}}\right)t_{hs} \tag{3-9}$$

相应的时间所对应的电流值可表示为

$$I_{hs}=\frac{I_p+I_{bs}}{2}-\frac{I_p-I_{bs}}{2}\mathrm{sign}\left[\tilde{t}_1-\mathrm{INT}\left(\frac{\tilde{t}_1}{t_{hs}}\right)t_{hs}-D_s t_{hs}\right] \tag{3-10}$$

同理，低能量脉冲群的周期为 t_{hw}，其频率 $f_{hw}=1/t_{hw}$，峰值为 I_p，基值为 I_{bw}，低能量脉冲群对应的区间为$[T_s+T_d,T_s+T_d+t_{hw}]$，在此区间内高频信号所对应的时间为

$$\tilde{t}_{hw}=\tilde{t}_1-T_s-T_d-\mathrm{INT}\left(\frac{\tilde{t}_1-T_s-T_d}{t_{hw}}\right)t_{hw} \tag{3-11}$$

所对应的电流值表示为

$$I_{hw}=\frac{I_p+I_{bw}}{2}-\frac{I_p-I_{bw}}{2}\mathrm{sign}\left[\tilde{t}_1-T_s-T_d-\mathrm{INT}\left(\frac{\tilde{t}_1-T_s-T_d}{t_{hw}}\right)t_{hw}-D_w t_{hw}\right] \tag{3-12}$$

值得注意的是，要实现“一脉一滴”，就需满足如下关系式

$$D_s t_{hs}=D_w t_{hw} \tag{3-13}$$

变形可得

$$\frac{D_s}{D_w}=\frac{t_{hw}}{t_{hs}}=\frac{f_{hs}}{f_{hw}} \tag{3-14}$$

根据式(3-14)可知，高、低能量脉冲群单个脉冲的脉冲占空比与周期成反比，与频率成正比。

高-低能量过渡阶段和低-高能量过渡阶段中脉冲时间不变，基值逐级下降和上升，能量也随之下降和上升，如图 3-10 所示。

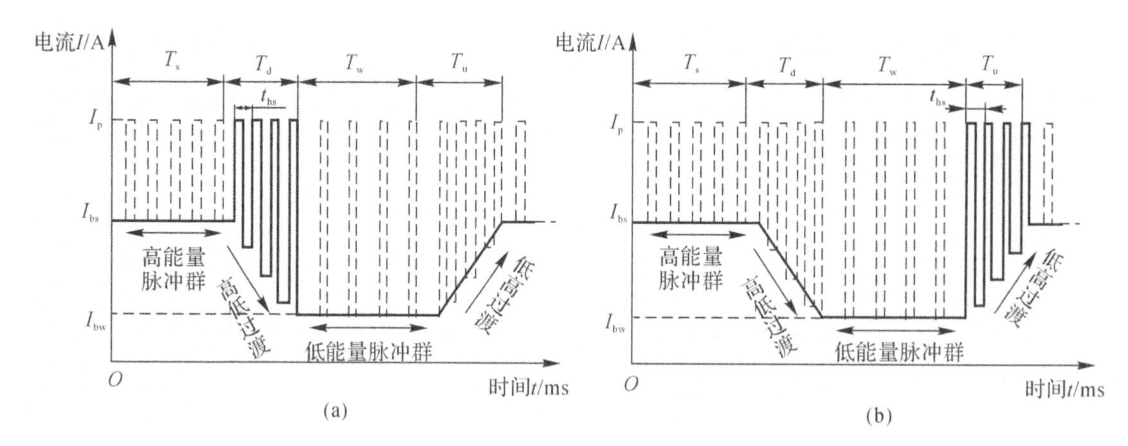

图 3-10　高频调制信号的过渡脉冲群

(a) 高-低能量过渡脉冲群；(b) 低-高能量过渡脉冲群

高-低能量过渡脉冲群所在的时间区间为$[T_s, T_s+T_d)$，由式(3-8)可知，基值电流表示为$I_b=I_{bs}-\frac{I_{bs}-I_{bw}}{T_d}(\tilde{t}_1-T_s)$，则在图3-10(a)中的区间$[T_s, T_s+t_{hs}]$上对应的时间为

$$\tilde{t}_{hd}=\tilde{t}_1-\mathrm{INT}\left(\frac{\tilde{t}_1-T_s}{t_{hs}}\right)\times t_{hd}-T_s \tag{3-15}$$

其对应的电流值为

$$I_{hd}=\left[\frac{I_p+I_{bs}-\frac{I_{bs}-I_{bw}}{T_d}(\tilde{t}_1-T_s)}{2}\right]-\left[\frac{I_p-I_{bs}+\frac{I_{bs}-I_{bw}}{T_d}(\tilde{t}_1-T_s)}{2}\right]$$

$$\mathrm{sign}\left[\tilde{t}_1-\mathrm{INT}\left(\frac{\tilde{t}_1-T_s}{t_{hs}}\right)\times t_{hs}-T_s-D_st_{hs}\right] \tag{3-16}$$

同理，根据式(3-8)中可知，低高能量过渡脉冲群区间$[T_s+T_d+T_w, T)$所对应的基值电流可表示为$I_b=I_{bw}+\frac{I_{bs}-I_{bw}}{T_d}(\tilde{t}_1-T_s-T_d-T_w)$，则在图3-10(b)中的区间$[T_s+T_d+T_w, T]$上对应的时间为

$$\tilde{t}_{hu}=\tilde{t}_1-\mathrm{INT}\left(\frac{\tilde{t}_1-T_s-T_d-T_w}{t_{hs}}\right)\times t_{hs}-T_s-T_d-T_w \tag{3-17}$$

其对应的电流值可表示为

$$I_{hu}=\frac{I_p+I_{bw}+\frac{I_{bs}-I_{bw}}{T_d}(\tilde{t}_1-T_s-T_d-T_w)}{2}-\frac{I_p-I_{bw}-\frac{I_{bs}-I_{bw}}{T_d}(\tilde{t}_1-T_s-T_d-T_w)}{2}\times$$

$$\mathrm{sign}\left[\tilde{t}_1-\mathrm{INT}\left(\frac{\tilde{t}_1-T_s-T_d-T_w}{t_{hs}}\right)\times t_{hs}-T_s-T_d-T_w-D_st_{hs}\right] \tag{3-18}$$

通过以上各阶段的波形和计算公式可知，当T_w和T_s不变时，高(低)能量脉冲群的脉冲个数的变化仍与t_{bw}、t_{bs}的变化成反比，也就还是如上节所说，如果需要减小电流，那么设定n、m就需要减小，t_{bw}、t_{bs}也随之逐渐增大，低能量脉冲群的脉冲个数也应尽可能少对减小电流有直接的影响。

根据以上公式在MATLAB中对梯形波进行仿真，设各参数$T_s=60$ ms，$T_w=120$ ms，

$T_u = T_d = 60$ ms, $I_p = 280$ A, $I_{bs} = 65$ A, $I_{bw} = 30$ A, $t_{hs} = 10$ ms, $D_s = 1/2$, $D_w = 1/6$。根据图 3-11 中(a)(b)两图的对照，验证了 TPMIG 上述电流波形各阶段数学表达式的准确性。

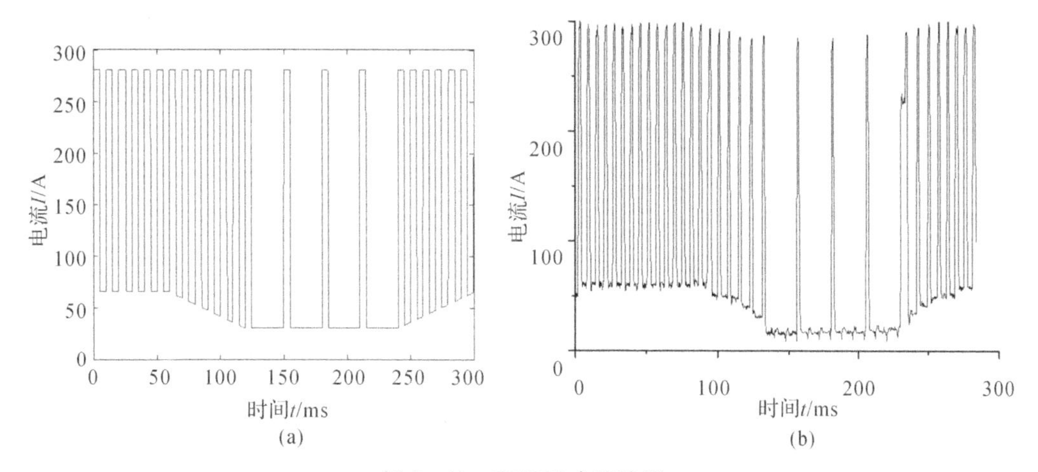

图 3-11　TPMIG 电流波形

(a)TPMIG 电流波形仿真图；(b)TPMIG 电流波形实际图

3.3　铝合金脉冲 MIG 焊后中值电流波形控制技术

熔滴的过渡过程包含了许多物理和化学过程，是一个多干扰、强耦合、复杂的非线性过程，对于脉冲 MIG 焊工艺，一脉一滴过渡规律性强，熔滴大小也与焊丝直径相当，焊接质量较好。焊接过程中各个参数轻微变化，例如电流电压脉动、行走机构抖动、保护气压变化等干扰因素都会使焊接电流发生改变，从而可能导致熔滴过渡发生大的改变。从微观上分析会发生以下情况：

(1)正常情况下，通过合理的参数设置，脉冲 MIG 焊熔滴过渡是一脉一滴形式，熔滴在脉冲基值电流 I_b阶段开始形成并长大，在峰值脉冲峰值电流 I_p阶段继续长大，在下一个脉冲基值电流 I_b阶段滴落到熔池，同时开始另一个熔滴形成并长大的阶段，如此周而复始，如图 3-12所示。

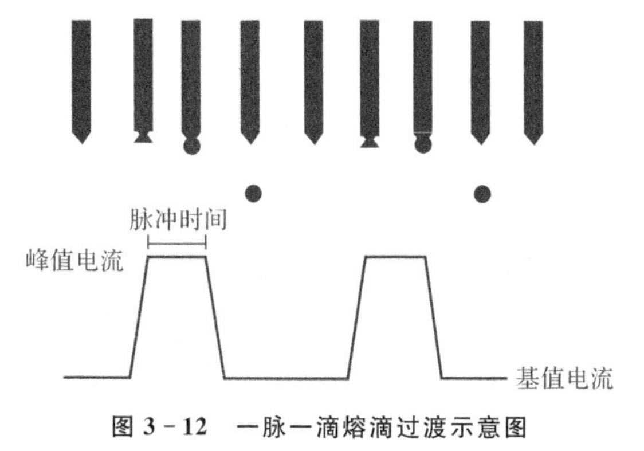

图 3-12　一脉一滴熔滴过渡示意图

(2)熔滴过渡是一个连续不断的过程,单个熔滴过渡将影响到后面的周期熔滴过渡。若外部因素使得一个脉冲周期由于能量积累不够而导致熔滴未能在该周期脉冲电流基值阶段滴落下来,就产生熔滴过渡失败,积累的熔滴在下一个脉冲电流峰值阶段滴落形成大滴过渡,再下一周期将没有熔滴过渡或者在一个周期形成两个大小不一的熔滴过渡。熔滴过渡的不规则和无规律直接导致焊接过程不稳定,最终影响焊缝成形质量。因此需要根据电流变化及时、快速地控制峰值时间的改变,但这在控制上存在很大的困难,对焊接电源软、硬件要求极高。

铝合金加工对焊接质量要求越来越高,为了增强焊接过程的稳定性,改善焊缝成形质量,许多焊接研究工作者通过不同电流波形控制熔滴过渡的稳定性。后中值电流波形如图 3-13 所示,和单脉冲方波相比,后中值波增加了中值电流 I_m和中值时间 t_m两个参数,设计中值波阶段的作用是来增强熔滴过渡的可控性,使脉冲电流波形按照“峰值阶段、熔滴过渡阶段、基值阶段”的规律变化。在焊接过程中,基值电流阶段主要是起维持电弧燃烧软化焊丝的作用,峰值电流阶段使熔滴长大,熔滴过渡阶段处于峰值脉冲电流下降沿,它的作用是控制熔滴过渡过程,熔滴过渡电流必须低于峰值电流且高于基值电流。

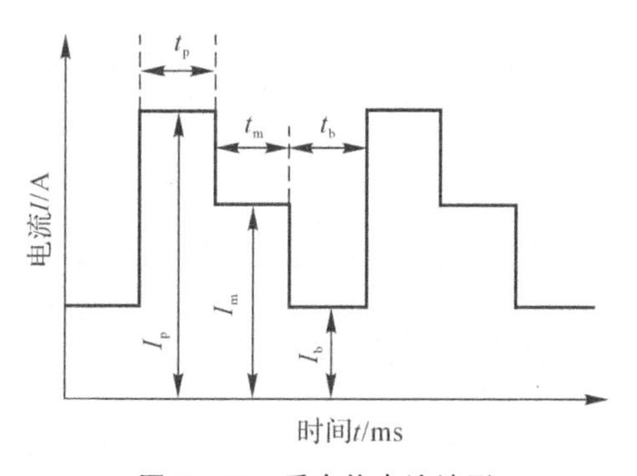

图 3-13 后中值电流波形

3.4 后中值电流波形控制工艺试验结果与分析

为了研究后中值电流波形脉冲焊接方法在铝合金材料上的焊接效果,搭建了焊接试验数据采集平台:包括自行设计的脉冲 MIG 焊软开关逆变电源、变阻箱、研华 PCL1800 信号采集卡、电弧动态小波分析仪、研华 610 工控机、华威自动行走控制机构、行走速度记录仪和送丝机等设备。试验条件为:型号为 ER4043 的 1.2 mm 的铝硅合金焊丝,分别在 5 mm 和 8 mm 的纯铝板上进行平板堆焊,保护气为氩气,纯度为 99.99%,气体流量为 15 L/min,焊丝干伸长为 15 mm,焊接速度为 0.65 m/min,采用等速送丝,送丝速度是根据起弧效果和试验经验选取的,焊接平均电流不同,送丝速度会有差异,送丝速度会随着平均电流的增大而变快。

试验数据见表 3-3,I_p为峰值电流,t_b为基值时间,峰值时间 t_p为 2 ms,基值电流 I_b大小为 50 A,试验 1、2、5、6 的铝合金板厚为 8 mm,其他试验的铝合金板厚为 5 mm。试验 1 和试验 2 的焊接平均电流为 125 A,试验 3 和试验 4 的焊接平均电流为 113 A。焊接过程都采用恒流焊接,通过编写程序下载到逆变电源 DSP 控制芯片中控制焊接输出电流的大小,焊接电压由小波分析仪上的电压传感器实时采集获取,程序中并没有加以限定。表 3-3 中采用不同板厚的铝合金材料进行试验是为了验证后中值波在不同厚度材料下的焊接效果,试验中效果对比都是同种厚度板材间的对比。

表 3-3　试验用焊接参数

序　号	I_p/A	t_b/ ms	I_m/A	t_m/ ms	板材厚度/mm
1	350	6	0	0	8
2	350	6	125	4	8
3	240	4	0	0	5
4	240	4	113	6	5
5	350	6	125	2	8
6	350	6	125	8	8
7	240	4	113	2	5
8	240	4	113	10	5
9	240	4	113	16	5
10	240	4	72	10	5
11	240	4	180	10	5

3.4.1　后中值阶段对焊接质量影响试验与分析

试验 1 和试验 2 平均输入电流相似,是在 8 mm 厚度材料上对比有无后中值阶段焊接效果,试验 3 和试验 4 平均输入电流相似,是在 5 mm 厚度材料上对比有无后中值阶段的焊接效果。通过试验 1～4,对脉冲 MIG 焊有无后中值阶段焊接过程进行了对比,试验焊缝图片效果如图 3-14 所示。

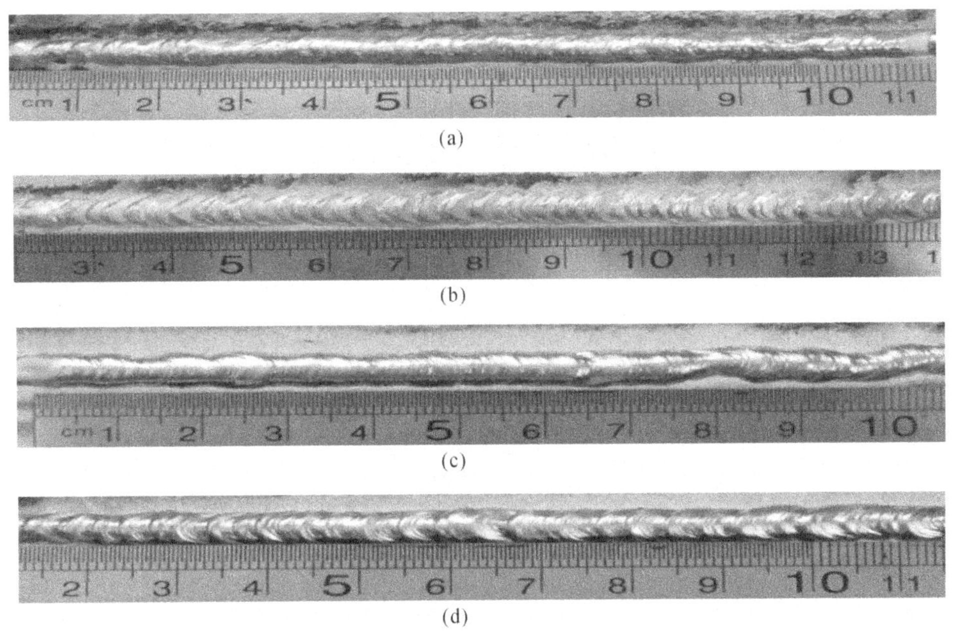

图 3-14　有无后中值过渡阶段焊缝效果对比

(a)试验 1；(b)试验 2；(c)试验 3；(d)试验 4

从焊接过程和焊缝成形外观来看，四组试验的焊接过程都能顺利完成，试验1焊接过程有"噼啪"的杂音，有明显的飞溅发生，焊缝表面黏附了许多飞溅小颗粒，试验3的焊接过程飞溅较少，但焊缝的熔宽不一致，有明显蛇形焊道，表面没有鱼鳞纹，而试验2和试验4焊缝成形好，焊接过程平稳，无断弧短路，电弧声较柔和，飞溅很少，且焊缝表面形成了明显、规整的鱼鳞纹，这表明增加了中值阶段后，电流对熔池形成了有规律地搅动。

从采集的焊接过程电流、电压信号来看，试验1～4都无短路和断弧现象发生，但在相同峰值和基值脉冲参数的情况下，无后中值过渡阶段焊接过程电压稳定性明显不如有后中值过渡阶段试验，如图3-15所示。

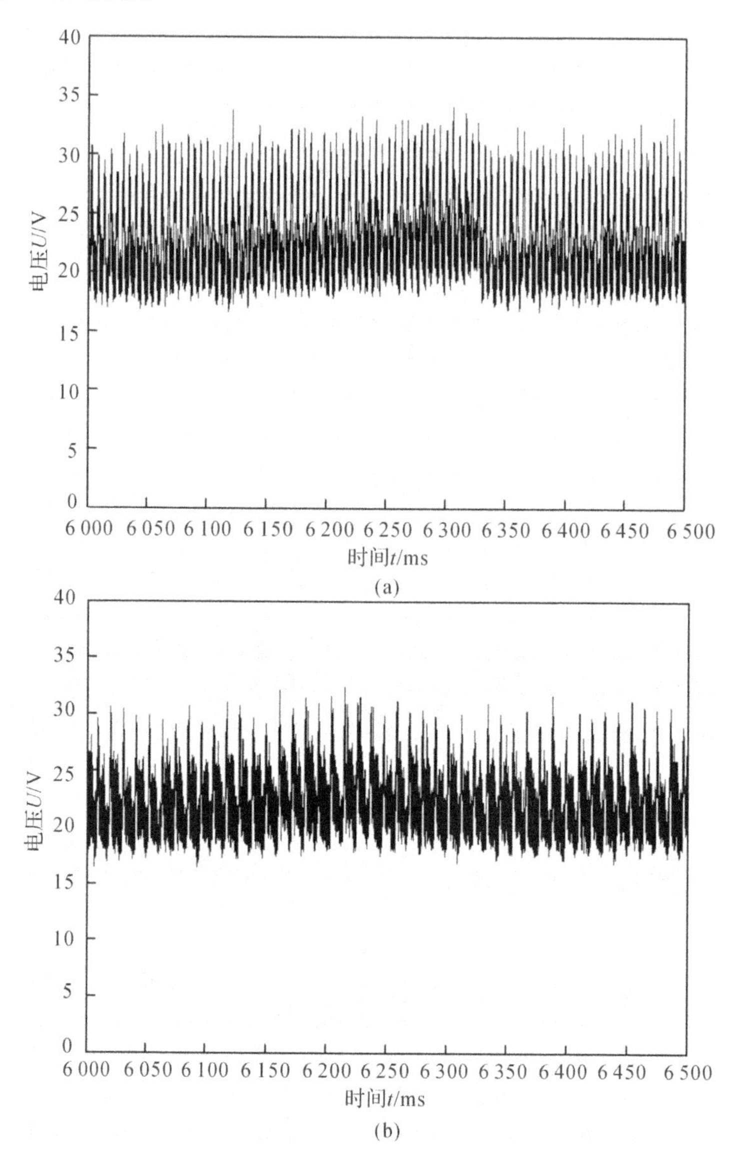

图3-15　有无后中值过渡阶段电压波形对比

(a)放大后的试验3电压波形；(b)放大后的试验4电压波形

图3-15中的试验3的电压波动范围比试验4的大，而且有许多明显的电压跳跃点，在图

3－15 (a)中 6 311～6 343 ms 处有个明显的跳跃点，说明试验 3 的焊接过程不如试验 4 的稳定。在电压跳跃点处，熔滴过渡形式发生了突变，存在大滴过渡行为，因此才会有电压的突变。由此可见，试验 4 的焊接过程稳定，电压变化有规律，重复性好。

把小波分析仪采集到的电流和电压信号进行分析处理，结果如图 3－16(a)～(f)所示。从图 3－16(a)电压概率分布来看，试验 3 明显的电压跳跃点有 7 个，分别是图中几个独立的凸起点。图 3－16(b)电压概率分布曲线连贯并且集中，说明试验 4 焊接过程稳定，电压波动范围较小。图 3－16(b)和图 3－16(a)中出现电压跳跃点，说明焊接过程中熔滴过渡形式不稳定，焊接过程不平稳，在平均焊接电流一样的情况下，采用后中值波电流焊接没有明显的电压跳跃点，说明后中值波焊能明显改善熔滴过渡的不稳定性。图 3－16(c)电流概率分布曲线有 2 个尖峰，对应于试验 3 脉冲电流的峰值 240 A 和基值 50 A，图 3－16(d)电流概率分布曲线有 3 个尖峰，对应于试验 4 脉冲电流的峰值 240 A，中值 113 A 和基值 50 A。从概率分布图上看出，两个试验焊接过程均无短路和断路情况发生。

$U-I$ 图就是电压-电流分布图，前文介绍过可以用此图来反映焊接过程的稳定性，直观地对焊接动态过程进行分析评定。图 3－16(e)由图 3－16(a)和图 3－16(c)组合而成，图 3－16(f)由图 3－16(b)和图 3－16(d)组合而成。图 3－16(f)比图 3－16(e)的边缘线族清晰、整齐，分布更为集中，图形的毛刺程度明显要少很多，说明试验 4 的焊接过程稳定性更好。

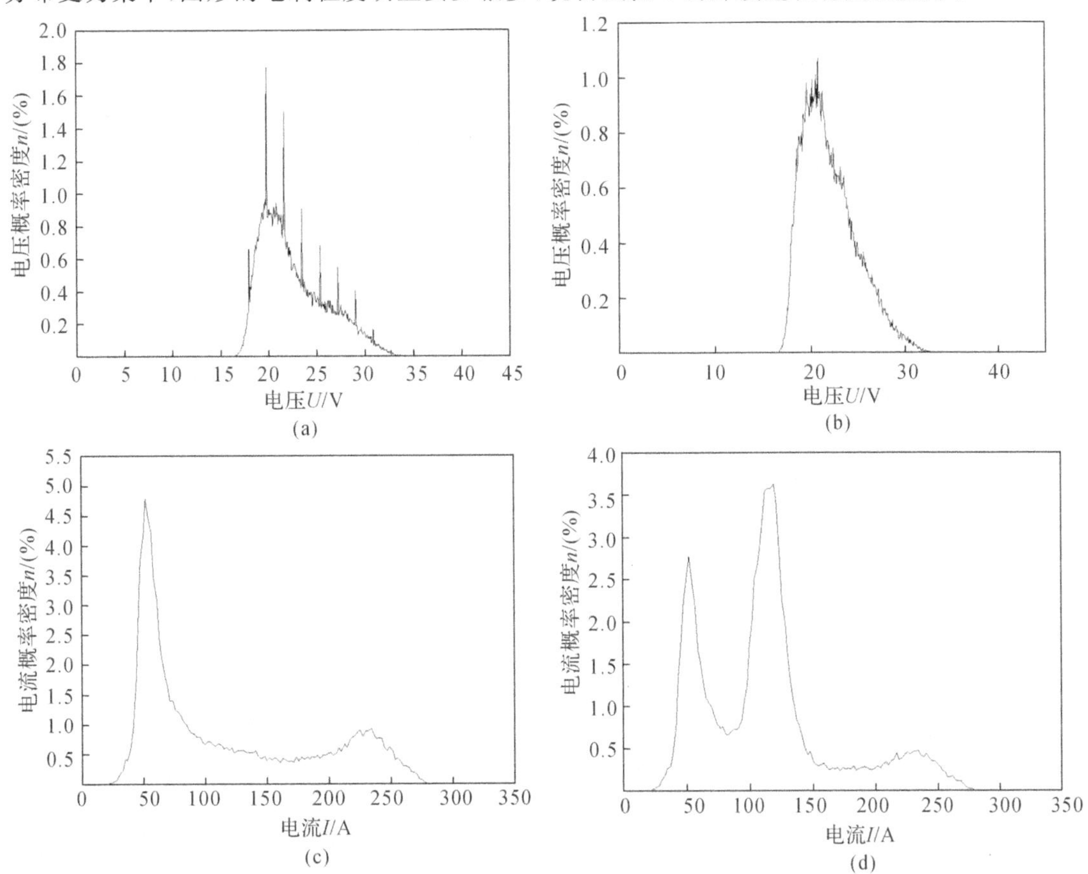

图 3－16　有无后中值过渡阶段电流电压概率分布及 $U-I$ 图对比

(a)试验 3 电压概率分布；(b)试验 4 电压概率分布；

(c)试验 3 电流概率分布；(d)试验 4 电流概率分布

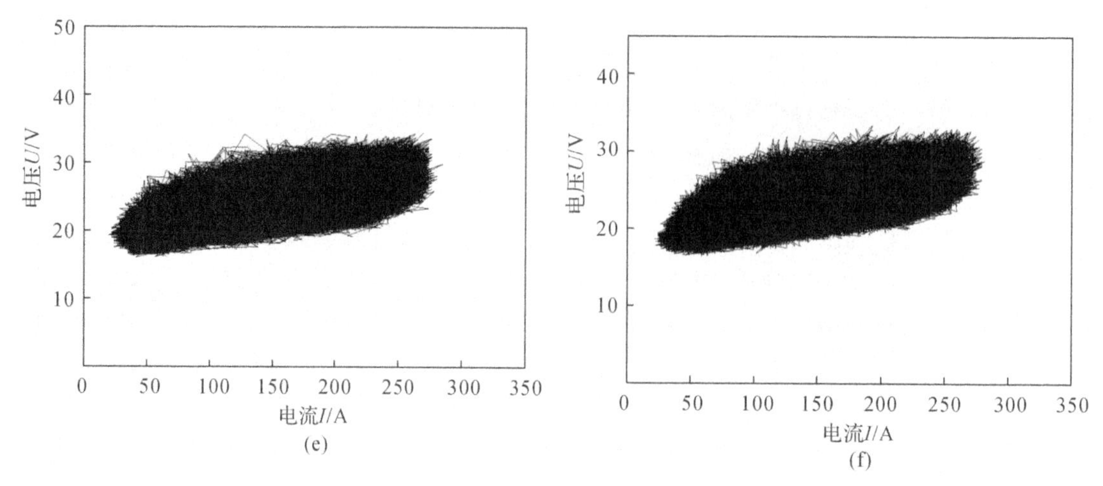

续图 3-16 有无后中值过渡阶段电流电压概率分布及 *U*-*I* 图对比

(e)试验 3 *U*-*I* 图； (f)试验 4 *U*-*I* 图

通过试验 4 采集的数据分析，可以把焊接过程描述为：熔滴在脉冲峰值阶段逐渐长大，当脉冲电流由峰值转换到较小的过渡电流时，过渡电流的电磁力促使熔滴在后中值阶段长大脱落，达到一脉一滴的过渡效果。通过调节过渡电流的参数，能使熔滴过渡过程可控。上述试验对比说明后中值过渡阶段能有效地控制熔滴过渡过程，改善焊缝成形效果。

3.4.2 后中值时间变化对焊接过程影响试验与分析

保持其他参数不变，设定中值时间 t_m 分别为 2 ms、8 ms、10 ms、16 ms，研究中值时间的变化对焊缝成形效果的影响。试验 5～试验 8 的焊缝图片效果如图 3-17 所示。试验 5 的焊接过程和焊缝效果和试验 1 类似，试验 7 的焊接过程和焊缝效果和试验 3 类似，飞溅较多。说明 2 ms 的中值时间太短，没有起到熔滴过渡的作用，焊缝表面没有美观的鱼鳞纹。而设定的中值时间较长的试验 6，试验 8 和试验 9 的焊接过程都比较平稳，飞溅很少，采集的电流-电压波形规整，重复性好，无断弧和短路现象发生。从这三个试验焊缝外观可以看出，焊缝表面都光滑，但中值时间越长，焊缝外观的鱼鳞纹越不明显，焊缝成形越差，t_m = 16 ms 时，焊缝熔宽不一致，形成了蛇形焊道。

通过设定不同后中值时间对焊缝成形的影响对比分析发现，当后中值时间较短时，中值阶段的能量较小，熔滴来不及脱落就进入下一个脉冲周期，导致熔滴不会在一个脉冲周期过渡，当能量积累到下一个脉冲后熔滴变大从而形成多脉一滴的大滴过渡，在送丝速度不变的情况下，必然造成熔滴过渡的不规律，焊缝熔宽不一致，成形不好，焊接过程不稳定，飞溅大。

当后中值时间合适时，峰值阶段已经开始长大的熔滴能够在后中值阶段获得足够的能量继续长大，并在该阶段电磁力的作用下过渡到熔池，然后进入基值的维弧阶段。此时焊接过程稳定、重复性好，电弧声柔和，电流-电压波形整齐，焊接质量较好，焊缝表面有规整的鱼鳞纹。

当后中值时间过长时，第一个熔滴在该阶段过渡滴落后，第二个熔滴也在该阶段长大，能量足够的情况下也会产生过渡，能量不够时会到基值阶段过渡或者到下一个脉冲峰值阶段过渡，这样就会导致熔滴过渡的不规则。熔滴可能在峰值过渡，中值过渡或者是基值过渡，每个电流脉冲阶段可能有数量不等、大小不一的多个熔滴过渡到熔池。同时，过长的中值时间也会造成单位时间铝板的线能量输入少，造成熔滴滴落后不能有效地铺展开。试验结果显示，中值时间取在 6～10 ms 之间，焊缝成形效果较好，鱼鳞纹规整。

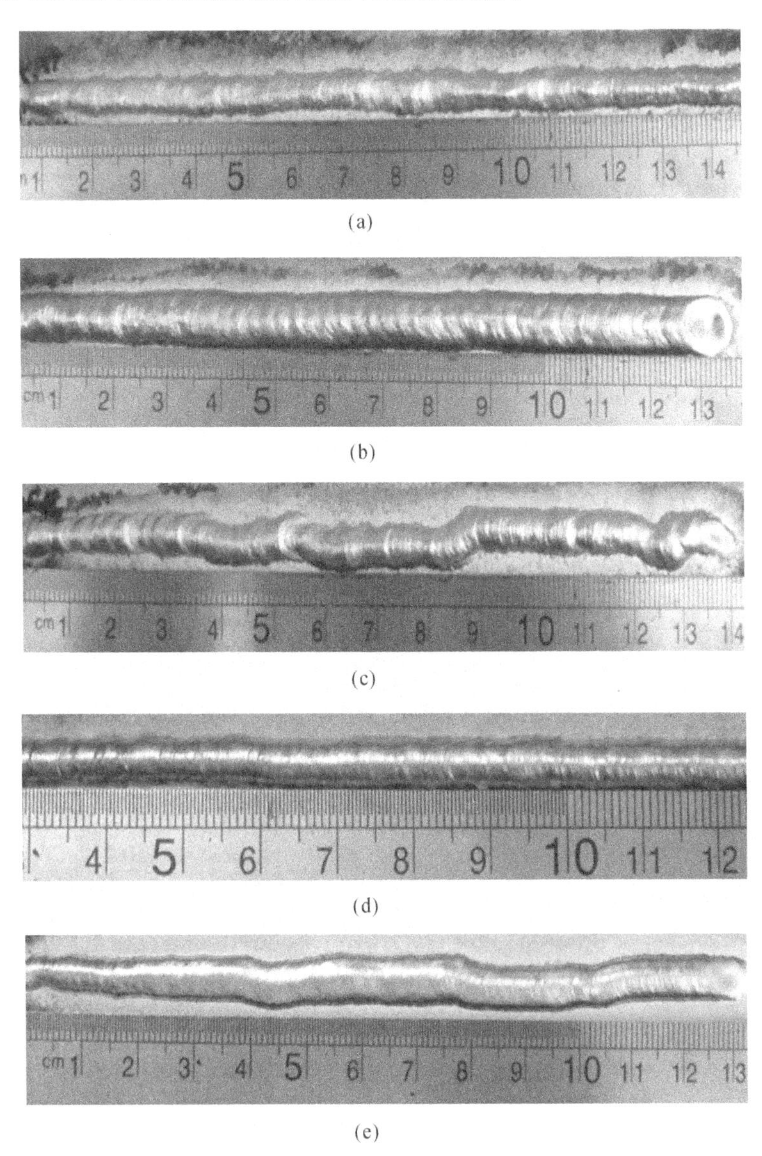

(a)　(b)　(c)　(d)　(e)

图 3－17　不同后中值时间的焊缝效果对比

(a)试验 5(t_m=2 ms)；　(b)试验 6(t_m=8 ms)；　(c)试验 7(t_m=2 ms)；
(d)试验 8(t_m=10 ms)；　(e)试验 9(t_m=16 ms)

3.4.3　后中值电流变化对焊接过程影响试验与分析

保持其他焊接参数不变，改变后中值过渡电流大小，研究后中值电流变化对焊接过程的影响。从试验 8、试验 10 和试验 11 的电流-电压波形和焊接效果来看，中值电流大小取值在强脉冲和弱脉冲电流平均值附近时，焊接过程稳定，电流、电压波形工整，无断弧与短路现象发生，焊缝效果美观，如图 3－17(d)所示即为中值电流大小合适的焊缝效果。

中值电流太小或太大，焊接过程都不稳定，焊接效果也不好。图 3－18(a)和图 3－18(b)分别是中值电流 I_m 为 72 A 和 180 A 时的焊缝效果，中值电流太小，中值阶段能量积累不够，熔滴过渡形式不稳定，焊接速度为 0.65 m/min，相对过快，焊缝明显不连贯，电流电压波形如图 3－19(b)所示；中值电流太大，焊缝熔宽太宽，余高过高，电流电压波形如图 3－19(c)所示。

从试验效果对比进行分析，当中值电流合适时，熔滴会在中值阶段过渡到熔池中，具有一脉一滴的效果。当中值电流较小时，中值阶段能量积累小于射流过渡的临界值，在该阶段不会进行熔滴过渡，等电流经过基值阶段上升到峰值阶段时，在峰值阶段大电流电磁力作用下，熔滴发生过渡，此时的后中值阶段起着熔滴成长的作用。如果中值电流继续减小，中值阶段就会失去作用，相当于增加了基值时间，如果峰值参数设置不合适，就会导致多脉一滴的大滴过渡。从试验效果来看，中值电流取值区间在强弱脉冲电流平均值附近时，焊缝成形效果较好。

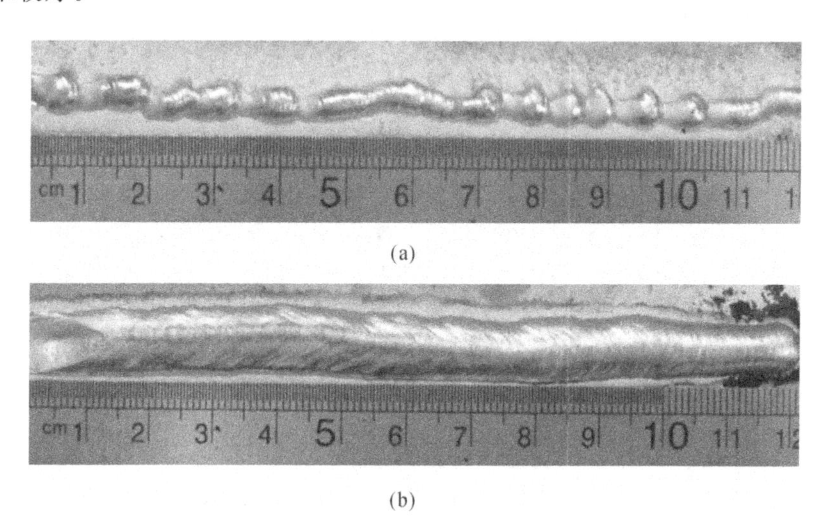

(a)

(b)

图 3－18　不同后中值电流大小的焊缝效果对比

(a)试验 10(I_m＝72 A)；　(b)试验 11(I_m＝180 A)

上述一组试验结果证明常规的单脉冲增加后中值波阶段能有效地控制熔滴过渡的效果，在相同平均输入电流的情况下能明显地提高焊接过程的稳定性和焊缝质量。试验通过小波分析仪提取的瞬时电流-电压数据经过分析得到的 $U-I$ 图，电流-电压概率分布图能有效的对焊接过程进行评价。后中值电流的大小和后中值时间的大小对焊缝成形效果影响都比较大，用 1.2 mm 的铝硅合金 ER4043 焊丝焊接，当后中值时间为 6～10 ms，后中值电流大小取值在强弱脉冲电流平均值附近时，焊接过程稳定，飞溅较少，焊缝鱼鳞纹明显、规整。

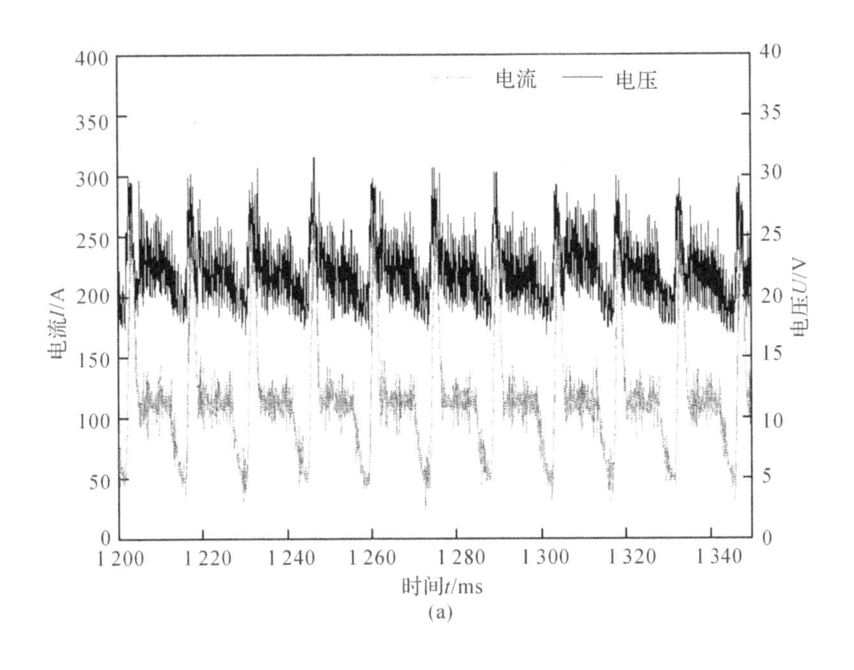

(a)

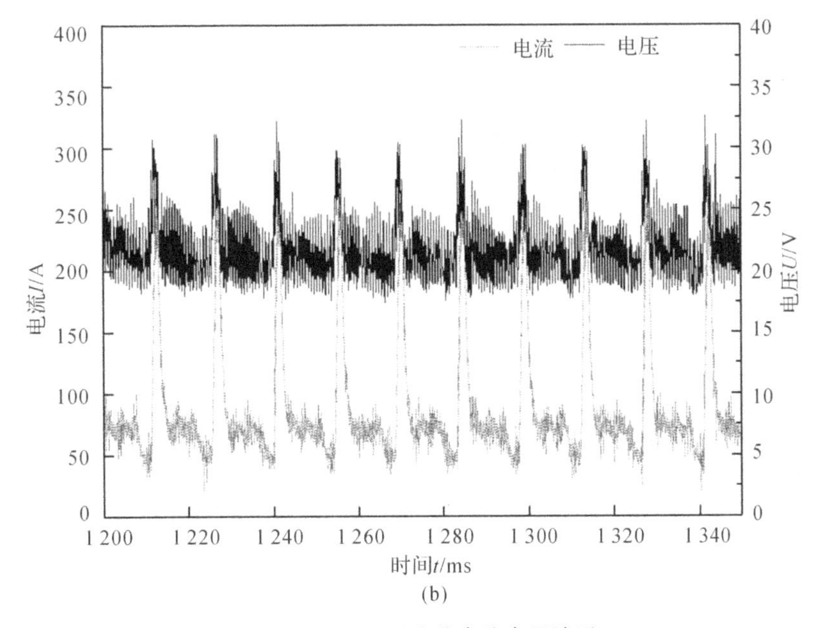

(b)

图 3-19　不同后中值电流电压波形

(a)试验 8(I_{m}=113 A)；(b)试验 10(I_{m}=72 A)

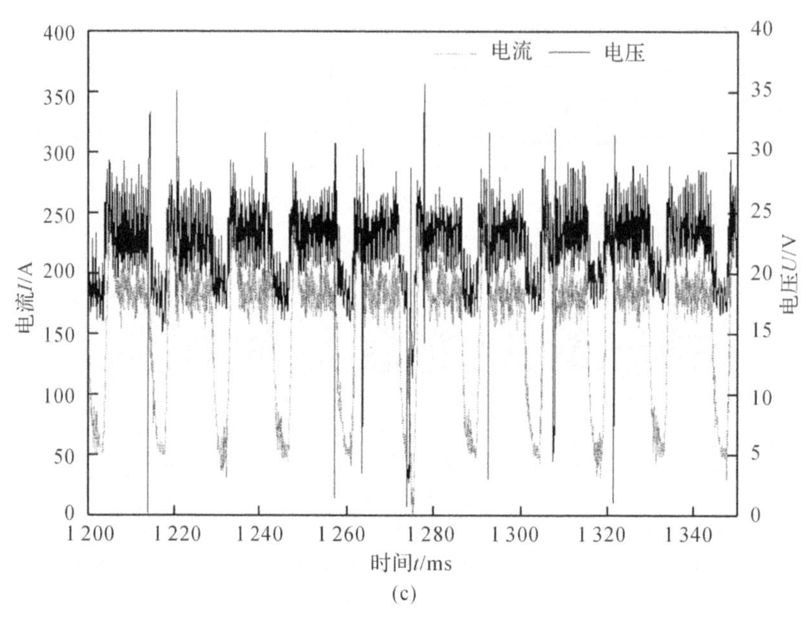

(c)

续图 3-19 不同后中值电流电压波形

(c)试验 11(I_m=180 A)

参 考 文 献

[1] 杭争翔，王其俊，张景泉. 直流脉冲 MIG 焊机控制系统及程序控制[J]. 电焊机，2013，43(10):10-13.

[2] MVOLA B. Adaptive gas metal arc welding control and optimization of welding parameters output: influence on welded joints [J]. International Review of Mechanical Engineering, 2016, 10(2):67-72.

[3] LUO Y, ZHI Y, XIE X J, et al. Effect of welding heat input to metal droplet transfer characterized by structure-borne acoustic emission signals detected in GMAW [J]. Measurement, 2015(70):75-82.

[4] NORRISH J. Advanced welding processes [J]. Advanced Welding Processes, 2012 (50):58-73.

[5] HE J P, HUA X M, WU Y X, et al. Dynamic model of GMAW system with short circuiting transfer[J]. Transactions of the China Welding Institution, 2006, 27(9): 77-80.

[6] CRUZ J G, TORRES E M, ALFARO S C A. A methodology for modeling and control of weld bead width in the GMAW process [J]. Journal of the Brazilian Society of Mechanical Sciences and Engineering, 2015, 37(5):1529-1541.

[7] OZCELIK S, MOORE K. Modeling, sensing and control of gas metal arc welding [M]. USA:Elsevier, 2003.

[8] 陈小峰. 多功能数字化焊机智能控制[D]. 广州:华南理工大学，2011.
[9] KAH P, SUORANTA R, MARTIKAINEN J. Advanced gas metal arc welding processes [J]. The International Journal of Advanced Manufacturing Technology，2013，67(1):655 - 674.
[10] DA SILVA C L M, SCOTTI A. Performance assessment of the (Trans) Varestraint tests for determining solidification cracking susceptibility when using welding processes with filler metal[J]. Measurement Science and Technology, 2004, 15(11): 2215.
[11] 陈小峰，林放，魏仲华，等. 基于数学建模的铝合金双脉冲MIG焊专家数据库设计[J]. 焊接学报，2011，32(5):37 - 40.
[12] 姚屏，薛家祥，蒙万俊，等. 工艺参数对铝合金双脉冲MIG焊焊缝成形的影响[J]. 焊接学报，2009，30(3):69 - 72.
[13] RICHARDSON I M, BUCKNALL P W, STARES I. The influence of power source dynamics on wire melting rate in pulsed GMA welding [J]. Welding Journal, 1994, 73 (2):S32 - S37.
[14] LIU A H, TANG X H, LU F G. Arc profile characteristics of Al alloy in double - pulsed GMAW [J]. The International Journal of Advanced Manufacturing Technology, 2013, 65(1):1 - 7.
[15] 朱强,薛家祥,徐敏,等. 铝合金后中值波电流焊接工艺研究[J]. 华南理工大学学报(自然科学版)，2015，43(3):15 - 20.
[16] MOHANTY H K, MAHAPATRA M M, KUMAR P, et al. Predicting the effects of tool geometries on friction stirred aluminium welds using artificial neural networks and fuzzy logic techniques[J]. International Journal of Manufacturing Research, 2013, 8(3):296 - 312.
[17] SUBRAMANIAM S, WHITE D R, JONES J E, et al. Droplet transfer in pulsed gas metal arc welding of aluminum [J]. Welding Journal (Miami, Fla), 1998,77(11): 458 - 464.
[18] MURPHY A B. Influence of droplets in gas - metal arc welding: new modelling approach, and application to welding of aluminium [J]. Science and Technology of Welding and Joining, 2013, 18(1):32 - 37.
[19] GHOSH P K, DORN L, KULKARNI S, et al. Arc characteristics and behaviour of metal transfer in pulsed current GMA welding of stainless steel [J]. Journal of Materials Processing Technology, 2009,209(3):1262 - 1274.
[20] KOZAKOV R, GÖTT G, SCHÖPP H, et al. Spatial structure of the arc in a pulsed GMAW process [J]. Journal of Physics D:Applied Physics, 2013, 46(22):1 - 13.
[21] YOGANANDH J, KANNAN T, KUMARESH BABU S P, et al. Optimization of GMAW process parameters in austenitic stainless steel cladding using genetic algorithm based computational models[J]. Experimental Techniques, 2013, 37(5): 48 - 58.
[22] SATHIYA P, AJITH P M, SOUNDARARAJAN R. Genetic algorithm based optimization

of the process parameters for gas metal arc welding of AISI 904 L stainless steel[J]. Journal of Mechanical Science and Technology, 2013, 27(8):2457 - 2465.

[23] DEVAKUMARAN K, RAJASEKARAN N, GHOSH P K. Process characteristics of inverter type GMAW power source under static and dynamic operating conditions [J]. Materials and Manufacturing Processes, 2012, 27(12):1450 - 1456.

[24] SONG G, WANG P. Pulsed MIG welding of AZ31B magnesium alloy [J]. Materials Science and Technology, 2011, 27(2):518 - 524.

[25] LI Z, SRIVATSAN T S, ZHAO H, et al. On the use of arc radiation to detect the quality of gas metal arc welds[J]. Materials and Manufacturing Processes, 2011, 26(7):933 - 941.

[26] RAMAZANI A, MUKHERJEE K, ABDURAKHMANOV A, et al. Micro - macro - characterisation and modelling of mechanical properties of gas metal arc welded (GMAW) DP600 steel[J]. Materials Science & Engineering A, 2014, 589(1):1 - 14.

第4章　铝合金脉冲 MIG 焊正弦波电流波形调制

脉冲 MIG 焊有较低焊接平均电流和热量输入，它的出现对于铝合金材料焊接质量有了很大的提高，单脉冲 MIG 焊应用于碳钢、不锈钢等材料时有着良好的焊接效果，但应用于铝合金材料焊接时容易在焊缝中夹杂气孔。双脉冲 MIG 焊技术是对单脉冲 MIG 焊技术的一个改进，是专门针对铝合金焊接而设计的一种实用技术，目前在工业生产中获得了广泛的应用。双脉冲铝合金焊接方法在保持较高的焊接效率的前提下得到了较好的鱼鳞纹焊缝外观，同时还能减少气孔的发生率，细化焊缝晶粒，增强焊缝力学性能。

铝合金材料焊接比一般黑色金属困难，特别是对于 5 mm 以下薄板或者超薄板铝合金材料，更是如此。实现铝合金材料稳定焊接，避免出现焊穿、焊接变形大等问题，一直是困扰焊接研究工作者的一个难题。随着电子信息技术的飞速发展，芯片设计与工艺水平的提高，基于数字信号处理器的数字化焊接电源开始出现，基于 DSP 的数字化电源具有数据处理能力强、实时控制性能好、可实现智能化调节等特点，是现代焊接电源领域研究的一大热点。借助 DSP 强大数据处理功能，焊接工作者有可能研究出更为精细的电流波形控制方法，控制焊接过程中能量的输入，实现铝合金薄板材料焊接。

4.1　铝合金脉冲 MIG 焊正弦波调制数学模型分析

正弦波调制脉冲 MIG 焊是一种新型铝合金焊接电流调制方法，它的工作原理是通过正弦波函数来调制焊接过程中的电流脉冲波形，系统性建立一个基于正弦规律变化的数学模型，在整个焊接过程中，脉冲电流波形高低值沿着正弦曲线变化，其效果如图 4－1 所示。

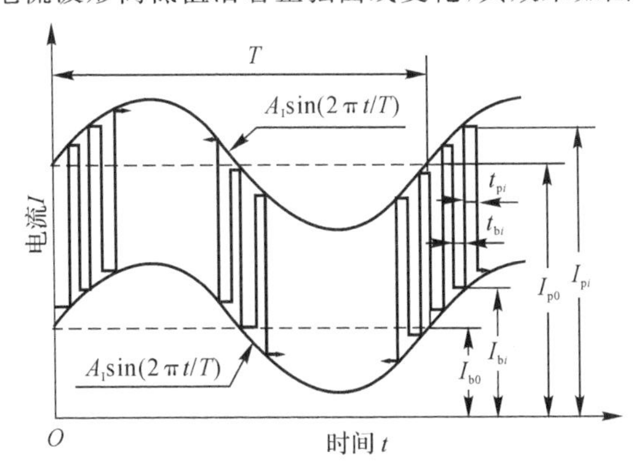

图 4－1　正弦波调制脉冲 MIG 焊电流波形

在图 4-1 中，T 为一个正弦波周期，I_{bi} 和 t_{bi} 分别表示脉冲基值电流大小和基值时间，I_{pi} 和 t_{pi} 分别表示脉冲峰值电流大小和峰值时间。在一个周期 T 中，脉冲电流的峰值和基值大小均以正弦规律变化。

正弦曲线是一个光滑的无限阶可导的曲线，电流大小沿着曲线变化可以最大程度降低跳变。通过控制峰值和基值电流大小，焊接能量的输入可系统、有效地精确调控，并且脉冲变化过渡平稳，和双脉冲焊接方法对比，正弦波波峰部分可以看成是双脉冲的强脉冲群，波谷部分可以看成是双脉冲弱脉冲群，所以，该模型是对双脉冲焊的一种改进焊接波形。

正弦波调制脉冲波形峰值和基值变化规律用数学模型描述如下：

$$I_{pi}=I_{p0}+A_{I}\sin(2\pi t_i/T),\quad i=1,2,\cdots,N \tag{4-1}$$

$$t_{pi}=t_{p0}+A_{tp}\sin(2\pi t_i/T),\quad i=1,2,\cdots,N \tag{4-2}$$

上述公式中脉冲峰值电流值用 I_{pi} 来表示，其初值用 I_{p0} 来表示；脉冲峰值时间用 t_{pi} 表示；其初值标记为 t_{p0} 来表示；正弦波振幅用 A_I 表来表示；正弦波脉冲电流峰值时长用 A_{tp} 表示。

$$I_{bi}=I_{b0}+A_{I}\sin(2\pi t_i/T),\quad i=1,2,\cdots,N \tag{4-3}$$

$$t_{bi}=t_{b0}-A_{tb}\sin(2\pi t_i/T),\quad i=1,2,\cdots,N \tag{4-4}$$

上述公式中的脉冲基值电流值用 I_{bi} 来表示，对其初始值进行标记为 I_{b0}；脉冲基值时间用 t_{bi} 表示；对其初始值进行标记为 t_{b0}；正弦波脉冲基值电流振幅用 A_I 来表示；正弦波脉冲电流基值时长振幅用 A_{tb} 来表示。N 和 i 均为大于 0 的自然数。

4.1.1 铝合金脉冲 MIG 焊正弦波参数分析

正弦波调制脉冲焊数学模型中的参数较多，主要有峰值电流初始值 I_{p0}，峰值时间初始值 t_{p0}，基值电流初始值 I_{b0}，基值时间初始值 t_{b0}，峰值和基值电流振幅 A_I，峰值时间振幅 A_{tp}，基值时间振幅 A_{tb} 和正弦波周期 T 等 8 个变量。参数繁多不利于实际焊接应用，通过分析参数的内在联系，对焊接过程影响不大的参数可以忽略或者设定为某个固定的值，予以简化。

1. 初始电流与振幅参数

由式(4-1)和式(4-3)可知：脉冲峰值电流 I_{pi} 和基值电流 I_{bi} 的大小主要是由其初始值设定值 I_{p0}、I_{b0} 和振幅为 A_I 的正弦函数决定的。

因为
$$-1\leqslant\sin(2\pi t_i/T)\leqslant 1$$
所以

$$I_{p0}-A_I\leqslant I_{pi}\leqslant I_{p0}+A_I,\quad i=1,2,\cdots,N \tag{4-5}$$

$$I_{b0}-A_I\leqslant I_{bi}\leqslant I_{b0}+A_I,\quad i=1,2,\cdots,N \tag{4-6}$$

这样，焊接过程中电流脉冲峰值与基值最大值与最小值范围就确定下来了。对于脉冲 MIG 焊恒流焊接方法而言，焊接过程中基值电流最小值必须能稳定维持电弧的燃烧，避免熄弧发生。同时，为了获得良好的焊缝成形效果，峰值电流最小值要能保持一脉一滴熔滴过渡方式，也就是要满足图 3-3 所示的 1.2 mm 铝合金焊丝 ER4043 跳弧曲线。

因此，在设定脉冲峰值电流初始值 I_{p0} 和振幅 A_I 时，须根据选定焊丝一脉一滴或者跳弧临界电流曲线图，使 $I_{p0}-A_I$ 满足一脉一滴的最小电流值，从而避免焊接过程中出现熔滴的大滴过渡，保持焊接过程平稳。由于正弦波调制的作用，实际焊接过程中熔滴过渡形式应该是一脉一滴与一脉多滴射流过渡交织的过程。

而选定脉冲电流基值初始值 I_{b0} 时，须使 $I_{p0}-A_I$ 满足最小维弧电流值，这个最小值可以通过工艺试验确定。脉冲基值阶段是整个焊接过程中输入能量最低的阶段，试验发现基值电流较大，基值持续时间较短，电弧会相对稳定。脉冲电流基值 I_{bi} 与脉冲电流峰值 I_{pi} 可以选用相同的正弦调制振幅 A_I，这样可以简化参数的选取，使得该焊接技术具有一定的实际应用价值。

2. 脉冲周期参数

由式(4－2) 与式(4－4) 可知：峰值时间 t_{pi}、基值时间 t_{bi} 分别是由其初始值 t_{p0}、t_{b0} 与振幅为 A_{tp}、A_{tb} 的正弦调制波决定。

所以可以得到

$$t_{p0}-A_{tp}\leqslant t_{pi}\leqslant t_{p0}+A_{tp},\quad i=1,2,\cdots,N \tag{4-7}$$

$$t_{b0}-A_{tb}\leqslant t_{bi}\leqslant t_{b0}+A_{tb},\quad i=1,2,\cdots,N \tag{4-8}$$

式中：N 为电流脉冲的个数，峰值时间 t_{pi} 和基值时间 t_{bi} 大于等于零，且峰值时间最小值应大于等于一脉一滴临界曲线电流持续最小时间 t_x。由此可得：

$$t_{p0}-A_{tp}\geqslant t_x \tag{4-9}$$

$$t_{b0}-A_{tb}\geqslant 0 \tag{4-10}$$

在满足一脉一滴临界曲线的前提下，设定 t_m 为某个基值电流 I_b 下维弧最大时间值，选定初始值 t_{b0} 时，满足下式：

$$t_{b0}+A_{tb}\leqslant t_m \tag{4-11}$$

由式(4－9) ～ 式(4－11) 可得

$$t_{p0}\geqslant t_x+A_{tp} \tag{4-12}$$

$$A_{tb}<t_{b0}<t_m-A_{tb} \tag{4-13}$$

由式(4－12) 和式(4－13) 可知，峰值和基值时间的初始值 t_{p0} 与 t_{b0} 在仅对频率进行调制的正弦波调制脉冲焊中可随着峰值和基值时间振幅 A_{tp} 与 A_{tb} 的确定而确定。对于电流幅值固定的正弦波调制脉冲，电流脉冲峰值时间取最小值与基值时间取最大值的脉冲形式组合的焊接输入能量最小。

正弦波调制脉冲周期 T 则可由 t_{pi}、t_{bi} 表示为

$$T=\sum_{i=1}^{N}(t_{pi}+t_{bi}),\quad i=1,2,\cdots,N \tag{4-14}$$

把式(4－2) 和式(4－4) 代入式(4－14)，则有

$$T=N(t_{p0}+t_{b0})+(A_{tp}-A_{tb})\sum_{i=1}^{N}\sin(2\pi\, t_i/T),\quad i=1,2,\cdots,N \tag{4-15}$$

3. 正弦调制周期参数

正弦波调制脉冲 MIG 焊一个调制周期 T 是由正弦波的正半周和负半周构成的。

图 4-2(a) 的正半周和负半周周期相同，均为 $T/2$，图 4-2(b) 的正负半周的周期分别为 $(1-x)T$ 与 xT，x 是取值为 0 ～ 1 之间的一个小数。

从图 4-1 和图 4-2 可以看出，在单个脉冲电流的电流峰值大小、基值大小和时间长短等参数一致的前提下，正弦波正半周期和负半周期的平均电流大小不同，输入能量也不同。因此，通过改变正半周期和负半周期占整个调制周期 T 的时间比例可以控制焊接过程中输入能量的变化。这样，除了通过改变脉冲电流峰值、基值和时间参数可以改变平均输入电流外，正弦波调制脉冲 MIG 焊又多了调整焊接平均输入电流的新途径。为了使正弦调制脉冲 MIG 焊新方法适用于差异更大的焊接条件和铝合金等轻质焊接材料，更大程度地扩大脉冲电流峰值与基值之间的能量变化范围，建立归一化的数学公式，以实现正弦波调制脉冲 MIG 焊更大变化范围的平滑稳定的系统调节功能。最终得出结论如下：在一个正弦波周期 T 内，设定正弦波负半周期内的脉冲电流峰值个数为 n，正半周期内的脉冲电流峰值个数为 n 的 m 倍，即为 mn 个。n 取值为大于 0 的自然数，m 取值大于或等于 1，m 的大小在脉冲电流波形图上和脉冲的疏密有关，被称为疏密系数，m 与 n 之积取为大于 0 的自然数，N 为一个正弦波周期中的脉冲电流个数，也是大于 0 的自然数。则有

$$N = mn + n = n(m+1) \tag{4-16}$$

通过给定的 m 和 n 的值，以及设定的电流脉冲的基值、峰值、时间等参数，可以在铝合金数字化逆变电源验证各个参数的焊接效果。

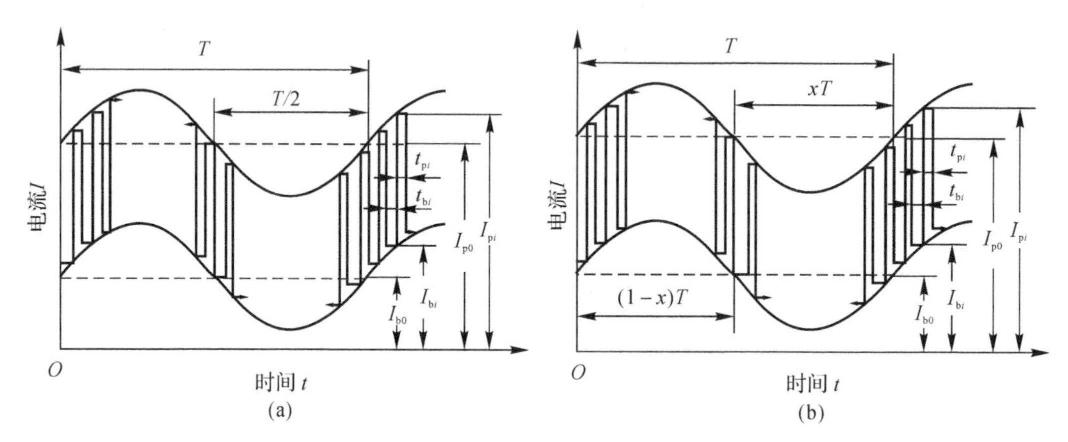

图 4-2　周期变化的正弦波调制脉冲 MIG 焊电流波形

(a) 正负半周周期相同；(b) 正负半周周期不同

4. 参数的简化

采用正弦波调制脉冲 MIG 焊，对于电流幅值的调制和脉冲周期(频率)的调制都会直接影响焊接过程平均电流的变化，导致热量输入的变化，从而产生不同的焊接效果，从本质上来说是在控制焊接的能量输出。通常在设定实际焊接参数时并不需要同时对电流和频率进行正弦调制。因为对电流和频率同时进行正弦调制使参数设定的复杂性大大增加，而且会因电流与频率在调制时同时处于峰值或谷值，大幅度增加调制周期内的能量差异，使能量增长的可控性与调节的细腻程度变差。因此，在实际焊接过程中，为了方便参数的设置，对电流或频率单一

因素进行正弦波的调制可以在不影响能量控制效果的情况下简化参数设定。

以对电流幅值进行正弦波调制脉冲焊为例，可以设定脉冲峰值时间与基值时间不变，令其分别为 $t_{pi}=t_0$，$t_{bi}=kt_0$，k 为取值为正的系数，且有 $A_{tp}=A_{tb}=0$，则对于整个正弦波调制的电流、时间描述可简化为

$$I_{pi}=I_{p0}+A_I\sin(2\pi t_i/T), \quad i=1,2,\cdots,N \tag{4-17}$$

$$t_{pi}=t_{p0}=t_0, \quad i=1,2,\cdots,N \tag{4-18}$$

$$I_{bi}=I_{b0}+A_I\sin(2\pi t_i/T), \quad i=1,2,\cdots,N \tag{4-19}$$

$$t_{bi}=t_{b0}=kt_0, \quad i=1,2,\cdots,N \tag{4-20}$$

在峰值时间 t_{pi} 与基值时间 t_{bi} 都确定下来后，从熔滴过渡的形式上考虑，为了保证正弦波调制脉冲焊接过程的效果，应确定此峰值时间 t_0 在一脉一滴临界曲线对应的峰值电流的最小值 I_{pmin}，最后可以确定峰值电流初始值 I_{p0} 的大小；同样，根据对维弧电流的要求，通过前期试验结果可以确定基值电流的最小值 I_{bmin}，并确定基值电流的初始值 I_{b0}。

$$I_{p0}=I_{pmin}+A_I \tag{4-21}$$

$$I_{b0}=I_{bmin}+A_I \tag{4-22}$$

通过上述分析可以得到，对电流振幅进行正弦波调制脉冲焊可仅用 t_0、k、A_I、N 四个参数确定。并可由式(4-15)得出调制周期简化的数学表达式为

$$T=N(t_{p0}+t_{b0})=(k+1)Nt_0, \quad i=1,2,\cdots,N \tag{4-23}$$

经过分析正弦波调制脉冲 MIG 焊数学模型，可以把众多的参数模型简化，为在数字化逆变电源中验证焊接效果提供了理论基础。

4.1.2　铝合金脉冲 MIG 焊与正弦波调制 MIG 焊的对比分析

常规脉冲 MIG 焊是指当前广泛应用于工业领域的单脉冲与双脉冲焊接方法，单脉冲焊钢与双脉冲焊铝是焊接工作者在生产实践中形成的一种经验共识，正弦波调制方法源于常规的脉冲 MIG 焊，又有自己的特点，在参数设置一定的情况下，正弦波调制脉冲焊与单脉冲和双脉冲可以互相转化。

1. 单脉冲与正弦波调制 MIG 焊对比

通过对正弦波调制脉冲焊模型的分析，可以对模型中的参数作出以下限定：当 $A_I=0$，$A_{tp}=A_{tb}=A_t=0$，$t_{p0}<t_{b0}$，$I_7>I_{b0}$ 时，则有：

脉冲峰值电流及其时间为

$$I_{pi}=I_{p0}, \quad i=1,2,\cdots,N \tag{4-24}$$

$$t_{pi}=t_{p0}, \quad i=1,2,\cdots,N \tag{4-25}$$

脉冲基值电流及其时间为

$$I_{bi}=I_{b0}, \quad i=1,2,\cdots,N \tag{4-26}$$

$$t_{bi}=t_{b0}, \quad i=1,2,\cdots,N \tag{4-27}$$

当参数按照公式(4-24)～公式(4-27)设置时，正弦波调制脉冲 MIG 焊模型即为常规单脉冲焊，其脉冲波形如图 4-3 所示。利用这种焊接方法对能量的控制比较稳定，并且能根据一脉一滴熔滴曲线和对维弧电流的取定比较准确地得到焊接能量最小的焊接工作点。但是由

于缺乏对能量的“柔和”的调制，焊接的稳定性不高。主要体现在因外界环境的微小变化影响焊接的稳定性，而且送丝速度的匹配也比较困难。由于整个焊接过程具有单一的频率，缺乏对熔池的搅拌作用，会使熔池中融入的氢气溢出不多，结果导致焊缝气孔增多。因此常规的单脉冲焊方法主要应用于钢材料的焊接方面。

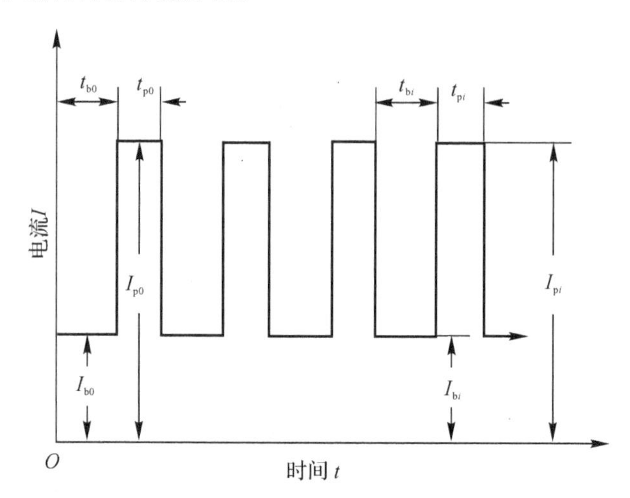

图 4-3 正弦调制脉冲 MIG 焊转化为常规脉冲 MIG 焊

2. 双脉冲与正弦波调制 MIG 焊对比

双脉冲 MIG 焊的思路是：在焊接过程中有两种脉冲电流波形，它们的电流峰值、基值、持续时间等参数都是独立的，且互不影响，平均电流值较大的称为强脉冲，平均电流值较小的称为弱脉冲，保持若干个强脉冲电流为一组，称为强脉冲群，若干个弱脉冲电流为一组，称为弱脉冲群，强脉冲群和弱脉冲群连续交替出现，就是现在广泛应用的双脉冲焊接方法。每个强脉冲群中脉冲电流的数量和其他参数都一样，每个弱脉冲群中的脉冲电流的个数和其他参数也相同，相邻的两个高频率强弱脉冲群就构成了一个调制周期，双脉冲 MIG 焊接过程也就是强弱脉冲群周期性的循环出现的过程，由于这个调制周期的频率要比单个脉冲的频率低很多，因此，双脉冲 MIG 焊接过程也被称为是高频脉冲的低频调制过程。

对于正弦波调制脉冲MIG焊数学模型，如果整个正弦周期分为正半周期 $\sin(2\pi t_i/T)>0$ 与负半周期 $\sin(2\pi t_i/T)\leqslant 0$ 两个阶段，正半周期的脉冲个数记为 n'，负半周期的脉冲个数记为 n，并且，设定参数 $A_I=0, A_{tp}=A_{tb}=A_t=0$，且 $t_{p0}<t_{b0}, I_{p0}>I_{b0}$，这样正弦波调制脉冲 MIG 焊就转化为了双脉冲 MIG 焊模型，即：$I_{pi}=I_{p0}, t_{pi}=t_{p0}, I_{ri}=I_{r0}, t_{ri}=t_{r0}, I_{qi}=I_{q0}, t_{qi}=t_{q0}$，其中，$N$ 和 i 均为大于零的自然数。

按照上述结论构成的双脉冲是强、弱脉冲的峰值电流大小都相同，基值电流大小不同的电流波形，如图 4-4 所示。在图 4-4 中，I_{pi} 和 t_{pi} 分别表示脉冲电流峰值大小及其持续时间，分别恒等于设定的初始值 I_{p0} 和 t_{p0}。I_{ri} 和 t_{ri} 分别表示弱脉冲群中的脉冲电流基值及其持续时间，分别恒等于设定的初始值 I_{r0} 和 t_{r0}。I_{qi} 和 t_{qi} 分别表示强脉冲群中的脉冲电流基值及其持续时间，分别恒等于设定的初始值 I_{q0} 和 t_{q0}。n 和 n' 分别代表了弱脉冲群与强脉冲群中的脉冲电流的个数，n 和 n' 的取值均为大于零的自然数。

从上述分析可以看出，正弦波调制脉冲 MIG 焊数学模型是对双脉冲焊接方法的一种改进，通过正弦波正、负半周交替的出现达到了双脉冲焊接过程中的强、弱脉冲群交替出现的效果，在保证美观的鱼鳞纹焊缝产生的同时，正弦调制使得强、弱脉冲群能光滑、平稳过渡，能更好地搅动熔池，对于焊缝成形而言，有利于铝合金熔池中气孔的溢出。其焊接过程的熔滴过渡不再强调一脉一滴的形式，只要参数的取值保证在一脉一滴过渡曲线之上，焊接过程就是射滴与射流过渡交织的过程，试验验证了焊接稳定性也比双脉冲焊有一定的提高。

上述对比转化过程说明，常规的单脉冲与双脉冲焊接方法都可以看作是正弦波调制脉冲焊模型对焊接参数进行某种设定后的特殊情况。并且，加入了正弦波低频调制后，强弱脉冲群之间的过渡有了平滑变化的特性，保证了焊接过程的稳定性。因此这种新型的焊接电流脉冲波形控制方法是对常规单脉冲与双脉冲焊接工艺的总结，也是对它们在工艺上的优化，对脉冲 MIG 焊的正弦波调制数学模型的研究具有重要的意义。

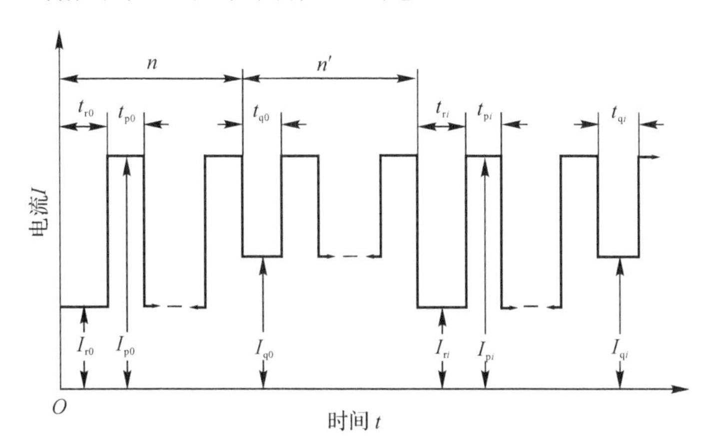

图 4－4　脉冲 MIG 正弦调制焊转化为常规双脉冲 MIG 焊

4.2　铝合金脉冲 MIG 焊正弦波调制数学模型试验结果及分析

试验与信号采集系统和前面的一样。试验条件为：型号为 ER4043 的 1.2 mm 的铝硅合金焊丝，在 3 mm 纯铝板上进行平板堆焊，保护气为氩气，纯度为 99.99％，气体流量为 15 L/min，焊丝干伸长为 15 mm，焊接机构行走速度恒定，等速送丝。

为了便于试验，焊接参数设置如下：在一个正弦波周期 T 内，正负半周的周期相同，均为 $T/2$，脉冲电流的峰值时间为 2 ms，一个正弦周期脉冲总个数为 N，其中负半周期脉冲个数为 $N/3$。

当 N 为 48 时，焊接电弧动态小波分析仪采集的电流信号如图 4－5 所示，电压信号如图 4－6所示。图 4－5 显示焊接电流平均值为 104.5 A，最小电流为 19.5 A，最大电流为 273.2 A，电流波形呈现正弦变化规律。

图 4－6 采集的实时焊接电压波形随着正弦波形电流的变化而变化，也具有正弦波形状。其电压平均值为 23.1 V，最小电压为 16.6 V，最大电压为 37.4 V。

图 4－7 是由图 4－5 焊接电流结合图 4－6 焊接电压绘制的 $U－I$ 图形，其边缘线族清晰、分布集中，$U－I$ 图的重复性高，可认为峰值能量稳定，焊接质量好。

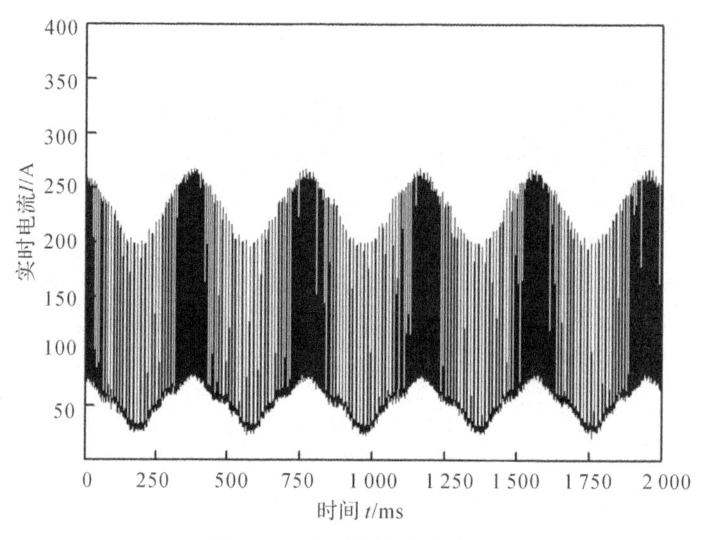

图 4－5　实时焊接电流波形

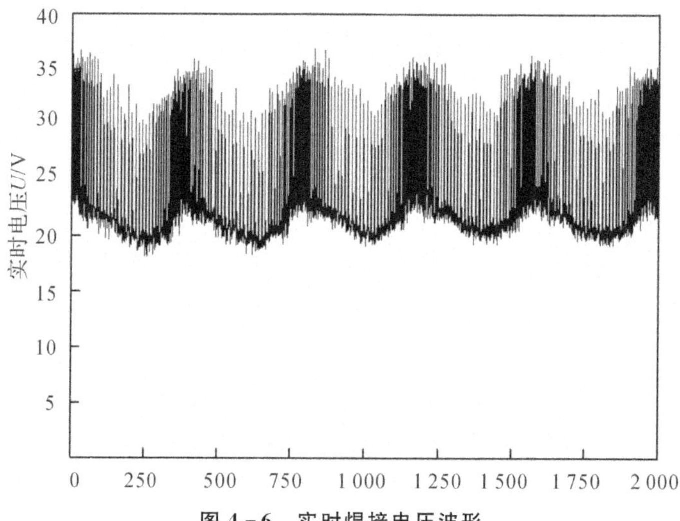

图 4－6　实时焊接电压波形

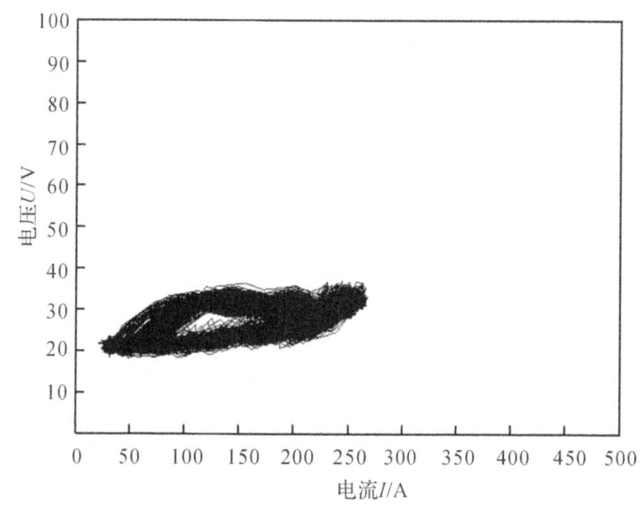

图 4－7　*U*－*I* 图

图 4－8 是经焊接电弧动态小波分析仪滤波后所得的焊接瞬时能量波形，可以看出焊接能量也是随着正弦波的变化而变化的，具有明显的波峰和波谷，整个波形的周期性好，重复性高，稳定性强，通过正弦波参数的调制，焊接过程中能量输入能够非常方便地被控制和调整。

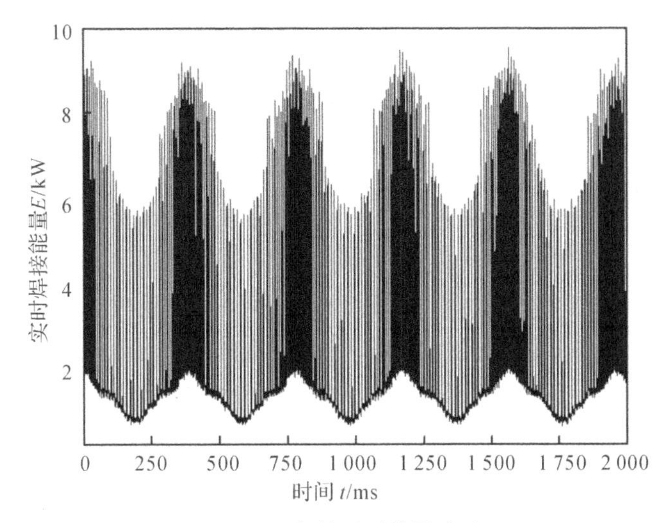

图 4－8　焊接瞬时能量波形

图 4－9 是经焊接电弧动态小波分析仪滤波后所得到的焊接动态电阻瞬时波形，该波形也呈现稳定的正弦周期性变化，跟焊接电流的变化保持一致，反映了正弦波调制的有效性和焊接过程的稳定性。

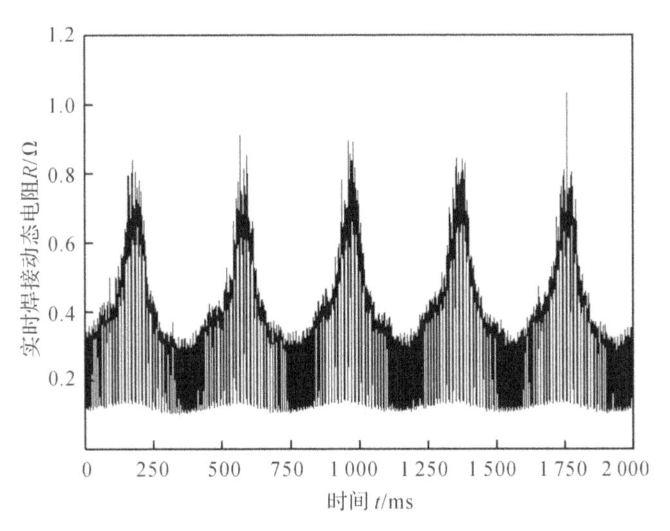

图 4－9　焊接动态电阻瞬时波形

图 4－10 是对应的焊接电流概率密度分布，从图中可以看出，电流密度区间主要分布在两个波峰区域，其中较低电流值波峰区域对应焊接脉冲基值电流区域，高电流值波峰区域对应焊接脉冲峰值电流区域。高、低波峰区域之间分布连续且平缓，说明焊接过程高、低电流过渡平稳。焊接电流集中分布在 20～270 A 范围内，没有断路或短路现象发生，焊接过程稳定。

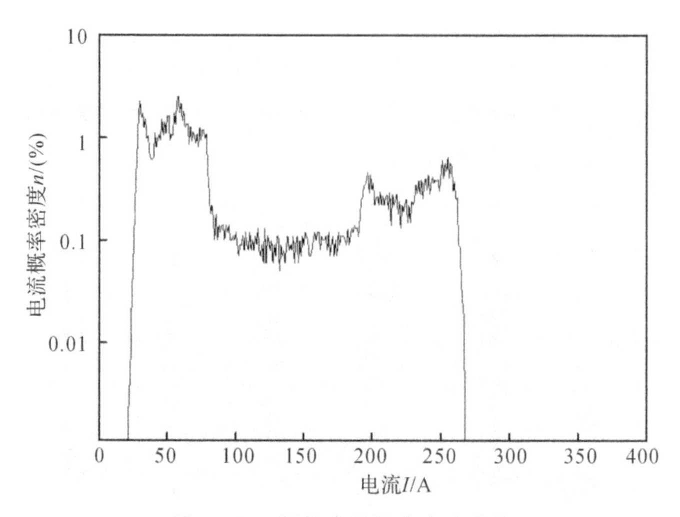

图 4-10 焊接电流概率密度分布

图 4-11 是对应的焊接电压概率密度分布，电压主要分布在两个波峰区域，其中低电压值波峰区域对应焊接脉冲基值电流区域，高电压值波峰区域对应焊接脉冲峰值电流区域，焊接电压集中分布在 17.5～36.5 V 范围内，没有断路或短路现象发生，焊接过程稳定。

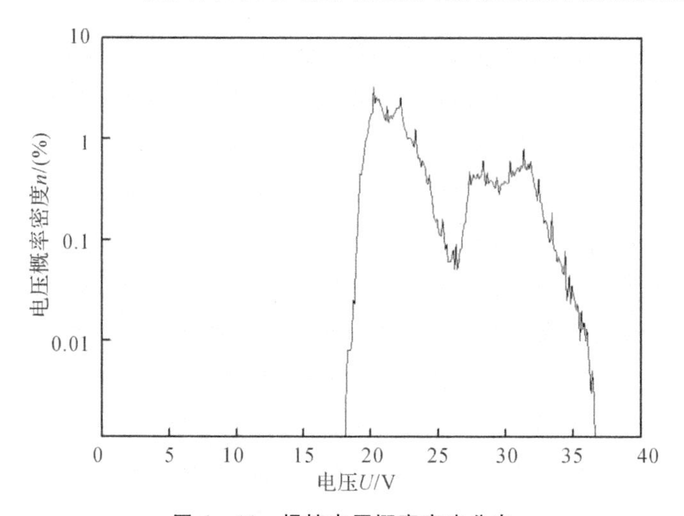

图 4-11 焊接电压概率密度分布

图 4-12 是试验焊缝照片，焊缝细致、均匀、成形好，表面和周围基本没有飞溅，并呈现美观工整的鱼鳞纹。

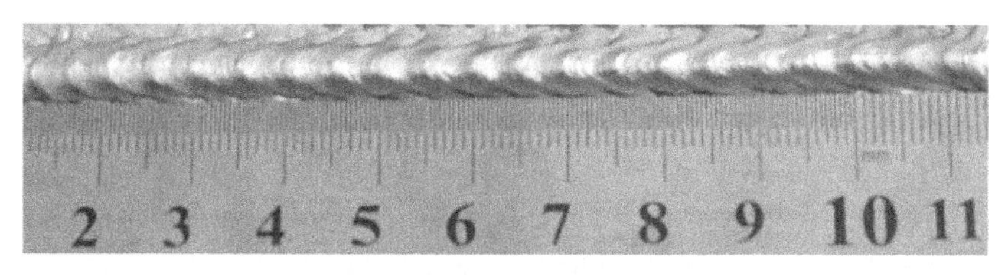

图 4-12 焊缝照片

铝合金脉冲 MIG 焊正弦波调制数学模型是源于常规单脉冲和双脉冲 MIG 焊的一种新型电流波形调制方法，无论是从理论分析还是从实际焊接试验来看，该方法都是一种适合铝合金焊接的新技术，从能量输入控制方面考虑，它在铝合金薄板和超薄板的焊接方面也会有广泛的使用空间。

参考文献

[1] 姚屏，薛家祥，黄文超，等. 脉冲 MIG 焊熔滴过渡阶段的波形控制[J]. 华南理工大学学报(自然科学版)，2009，37(5):52-56.

[2] 魏仲华，龙鹏，高理文，等. 基于数学建模之铝合金正弦波调制脉冲 MIG 焊专家数据库设计[J]. 电焊机，2012，42(4):38-43.

[3] 魏仲华，龙鹏，张文，等. 正弦波与双脉冲 MIG 焊薄片铝合金方法对比研究[J]. 焊接技术，2012，41(4):17-23.

[4] 魏仲华，龙鹏，薛家祥，等. 正弦波脉冲 MIG 焊铝的正弦振幅参数调控[J]. 华南理工大学学报(自然科学版)，2012，40(5):7-12.

[5] DA SILVA C L M, SCOTTI A. The influence of double pulse on porosity formation in aluminum GMAW[J]. Journal of Materials Processing Technology, 2006, 171(3): 366-372.

[6] FERRARESI V A, FIGUEIREDO K M. Metal transfer in the aluminum gas metal arc welding[J]. Journal of the Brazilian Society of Mechanical Sciences and Engineering, 2003, 25(3):229-234.

[7] GOYAL V K, GHOSH P K, SAINI J S. Influence of pulse parameters on characteristics of bead-on-plate weld deposits of aluminum and its alloy in the pulsed gas metal arc welding process[J]. Metallurgical and Materials Transactions A: Physical Metallurgy and Materials Science, 2008, 39(13):3260-3275.

第5章 铝合金脉冲MIG焊高斯波电流波形调制

前文详细描述了脉冲熔化极气体保护焊在铝合金焊接中的应用，标定了1.2 mm 4047铝焊丝从大滴过渡到喷射过渡的状态，对脉冲频率和占空比对一脉一滴的影响作了说明。脉冲MIG焊铝的质量不容易控制，双脉冲MIG焊又被研究人员设计出来，这种新的焊接工艺在得到漂亮的鱼鳞纹焊缝的同时又能提高焊接效率，减少气孔发生率、细化焊缝晶粒。双脉冲焊铝是目前铝合金焊接效率较高的方法，其焊接工艺是当前的研究热点，从熔滴过渡形式，保护气体成分，各种焊接参数匹配，电流、电压波形控制等方面均有人进行了细致的研究，并取得了一定的效果。但双脉冲焊铝对工艺参数匹配要求严格，匹配区间小，在匹配区间外的焊接质量下降快。

5.1 高斯波形调制方法分析

5.1.1 脉冲MIG焊高斯波形调制数学模型

1. 高斯函数分析

铝合金双脉冲焊接过程是高频脉冲电流的低频调制，其特点是一组强脉冲电流群和一组弱脉冲电流群交替出现，焊接过程中能量输入也是按此规律变化的。铝合金热导率高，热量流失快，双脉冲焊接过程并没有体现铝合金焊接中需要的高度集中热量，强、弱脉冲群之间的变化也缺乏过渡脉冲。基于高斯函数平滑的曲线，可控的能量过滤特点，提出了一种新的高斯电流波形调制方法，建立了铝合金脉冲MIG焊高斯波电流波形调制数学模型(简称为“GAUSS－MIG模型”)，使得焊接过程的热量输入集中、可控，强、弱脉冲群变化平稳，焊接过程中几乎无飞溅发生，电弧声柔和，焊缝成形良好。试验验证，GAUSS－MIG模型是一种适应性强的铝合金焊接模型，其参数调控具有普适性，能够满足不同板厚的铝合金焊接需要，为研制稳定的高性能铝合金焊接逆变电源提供了新的理论和试验基础。

高斯函数是一个在数学、物理及工程等领域都非常重要的函数，它的傅里叶变换不仅仅是另一个高斯函数，而且是进行傅里叶变换函数的标量倍，具有无限阶导数，函数曲线是平滑的。高斯函数的一般表达式为

$$f(x)=a\mathrm{e}^{-(x-b)^2/c^2} \tag{5-1}$$

式中：参数 a 表示函数的幅值系数，a 越大表示函数的幅值越高；参数 b 是中心对称轴的位置，图5－1中的3个函数都是以 $x=3$ 为中心对称轴；参数 c 代表了函数图形的陡峭程度，c 越大，曲线越扁平，c 越小，曲线越瘦高。

函数 $f(x)$ 曲线如图 5-1 所示，其中 $f_1=2e^{-(x-3)^2/2}$，$f_2=e^{-(x-3)^2/2}$，$f_3=2e^{-(x-3)^2}$。图 5-1 中函数 f_1 的幅值是函数 f_3 幅值的 2 倍，函数 f_1 和 f_2 的其他参数都一样，f_1 的参数 c 是 f_2 的参数 c 的$\sqrt{2}$ 倍。

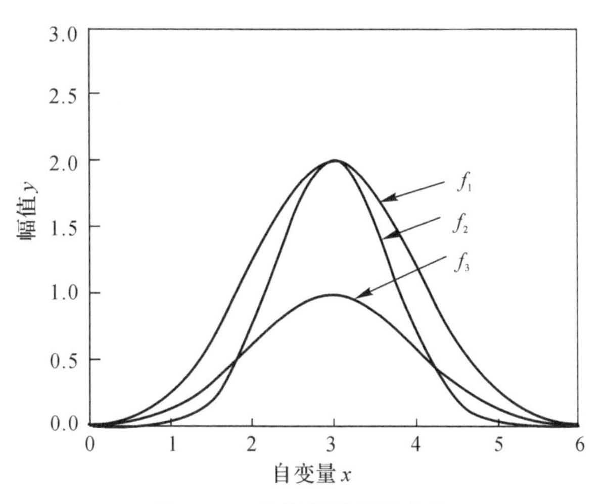

图 5-1　高斯函数图形曲线

对高斯函数进行不定积分即可得到该曲线和 x 轴之间包含区域的面积，即

$$F(x)=\int_{-\infty}^{+\infty} a e^{-(x-b)^2/c^2}\mathrm{d}x=a\int_{-\infty}^{+\infty} e^{-y^2/c^2}\mathrm{d}y=ac\int_{-\infty}^{+\infty} e^{-z^2}\mathrm{d}z=ac\sqrt{\pi} \tag{5-2}$$

可以看出，积分面积 $F(x)$ 的值由参数 a 和c 的乘积决定。如果横坐标轴表示时间，纵坐标轴表示电流，则高斯曲线包含的面积可以认为是一定时间段的电流累计。为了计算方便，应用于 MIG 焊电流波形调制的高斯函数简化为

$$g(x)=ae^{-x^2} \tag{5-3}$$

$$G(x)=\int_{-\infty}^{+\infty} ae^{-x^2}=a\sqrt{\pi} \tag{5-4}$$

从式(5-4) 可以看出，只需要通过设定不同的系数 a，就可以得到不同的焊接输入电流累计。

2. 高斯脉冲 MIG 焊电流的波形

GAUSS-MIG 焊模型脉冲电流波形如图 5-2 所示，图 5-2(a) 为强脉冲峰值调制波形，图 5-2(b) 为强脉冲基值调制波形，高斯函数均为 $f(x)=ae^{-x^2}$。两者的区别是，图 5-2(a) 是采用高斯函数调制脉冲电流的峰值大小，图 5-2(b) 是采用高斯函数调制脉冲电流的基值大小。脉冲电流经高斯函数调制，从宏观上看电流波形呈现高斯波形变化，一个高斯脉冲连着一个弱脉冲，形成一种新型的双脉冲形式。

从图 5-2(a) 中可以看出，强脉冲群电流 I 的峰值随时间的变化而变化，变化规律是按照高斯曲线变化，符合下式关系：

$$I_{ps}=I_{0p}+ae^{-x^2} \tag{5-5}$$

图 5-2(a) 中的 I_{ps} 表示高斯脉冲峰值电流，其大小等于峰值初始电流 I_{0p} 加上高斯值，I_{bs} 表示高斯强脉冲群基值电流，I_{pw} 表示弱脉冲群峰值电流，I_{bw} 表示弱脉冲群基值电流。

从图 5-2(b) 中可以看出，强脉冲群电流 I 的基值随时间的变化而变化，变化规律是按照

高斯曲线变化，符合下式关系：

$$I_{bs}=I_{0b}+ae^{-x^2} \tag{5-6}$$

图 5-2(b) 中的 I_{bs} 表示高斯脉冲基值电流，其大小等于基值的初始电流 I_{0b} 加上高斯值，I_{ps} 表示高斯强脉冲峰值电流，I_{pw} 表示弱脉冲群峰值电流，I_{bw} 表示弱脉冲群基值电流。

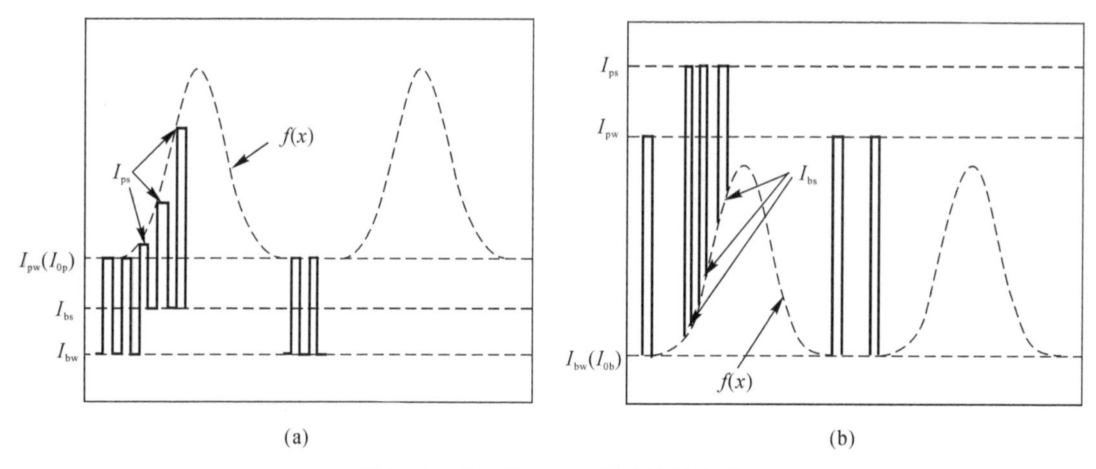

图 5-2　GAUSS-MIG 焊电流的波形

(a) 强脉冲峰值调制；(b) 强脉冲基值调制

5.1.2　高斯波形调制脉冲 MIG 焊能量输入分析

焊接是利用电弧产生的热能来加热和熔化焊丝与焊件，其输入的有效功率可以用下列公式计算：

$$P=\lambda IU \tag{5-7}$$

式中：P 为用来加热工件和焊丝的有效功率；I 是焊接电流；U 为电弧电压；λ 是电弧的有效功率因数，其取值与焊接方法、焊接参数和周围条件有关，在 MIG 焊中一般取值为 0.7～0.8，剩余部分功率消耗在辐射和对流等热损失上。

从公式(5-7) 中可以看出，采用恒流焊，GAUSS-MIG 模型焊接能量输入也是高斯波形，这对于铝合金焊接来说，能量更为集中，更有利于击碎铝合金表面的氧化膜，减少热量在铝合金表面的损失。

焊接输入能量计算公式为

$$E=\lambda TU_a I_a \tag{5-8}$$

图 5-2(a) 的强脉冲群的输入能量 E 可计算为

$$E_s=U_{as}\left[n_s(I_{0p}t_{ps}+I_{bs}t_{bs})+\frac{a\sqrt{\pi}\,t_{ps}}{t_{ps}+t_{bs}}\right] \tag{5-9}$$

$$E_w=U_{aw}(I_{0p}t_{pw}+I_{bw}t_{bw})n_w \tag{5-10}$$

图 5-2(b) 的强脉冲群的输入能量 E 可计算为

$$E_s=U_{as}\left[n_s(I_{ps}t_{ps}+I_{ob}t_{bs})+\frac{a\sqrt{\pi}\,t_{ps}}{t_{ps}+t_{bs}}\right] \tag{5-11}$$

$$E_w = U_{aw}(I_{pw}t_{pw} + I_{bw}t_{bw})n_w \tag{5-12}$$

式中：U_a 是电弧平均电压；I_a 是焊接平均电流；T 是焊接时长；E_s 是强脉冲群输入能量；E_w 是弱脉冲群输入能量；U_{as} 和 U_{aw} 分别是强弱脉冲群平均电压；t_{ps} 和 t_{bs} 分别是强脉冲群峰值时间和基值时间；t_{pw} 和 t_{bw} 分别是弱脉冲群峰值时间和基值时间。

GAUSS-MIG 焊的能量呈现强、弱交替变化，在其他参数不变的情况下，通过系数 a 可以控制强脉冲群的能量输入。从能量输入的观点来看，如果强、弱脉冲的峰值和基值的初始值一样，高斯函数的系数 a 也相同的话，峰值调制和基值调制的能量输入也一样，反映在信号采集中就是焊接电流的平均值是一致的。从理论上来看，两种 GAUSS-MIG 焊调制方式在焊接中能量输入效果是一样的。

同正弦波调制 MIG 焊模型一样，GAUSS-MIG 焊也是对常规的单脉冲和双脉冲 MIG 焊方法的一种改进，在某些参数取特定值的情况下，GAUSS-MIG 焊模型也可以转化为单脉冲与双脉冲焊，同时 GAUSS-MIG 焊模型的参数更少，强、弱脉冲群的变化更灵活，在工业生产中更容易实现。

5.2　高斯波形调制脉冲 MIG 焊试验结果及分析

试验与信号采集系统和第 4 章的一样。试验条件为：型号为 ER4043 的 1.2 mm 的铝硅合金焊丝，在 2 mm、5 mm 和 8 mm 的纯铝板上进行平板堆焊，保护气为氩气，纯度为 99.99%，气体流量为 15 L/min，焊丝干伸长为 15 mm，焊接机构行走速度恒定，等速送丝，焊接平均电流不同，送丝速度和行走机构速度会有差异，随着平均电流的增大，送丝速度和行走机构速度会变快。

5.2.1　高斯波形调制脉冲 MIG 焊试验结果及分析

1. 高斯系数 a 取值相同的试验

为了验证 GAUSS-MIG 焊在铝合金焊接上的效果，笔者共设计了下列五组试验，五组试验过程都能顺利完成，工艺参数见表 5-1。

I_{ps}、I_{bs}、t_{ps} 和 t_{bs} 分别代表强脉冲群峰值电流、基值电流、峰值时间和基值时间，I_{pw}、I_{bw}、t_{pw} 和 t_{bw} 分别代表弱脉冲群峰值电流、基值电流、峰值时间和基值时间，I_{avg} 是对应电流脉冲的平均值，F_{low} 是强、弱脉冲群的低频调制频率。

表 5-1 中各种参数的取值参考第 4 章 ER4043 铝合金的跳弧曲线，取曲线右侧附近的数值，保证在一脉一滴临界值以上。试验 1 和试验 2 的板材厚度是 8 mm，试验 3 和试验 4 的板材厚度是 5 mm，试验 5 的板材厚度是 2 mm。试验 1、3、5 的强脉冲群峰值电流取值按照式(5-5)计算获得，是变化的值，试验 2、4 的强脉冲群基值电流取值按照式(5-6)计算获得，也是变化的值，高斯函数系数 a 取固定值 50，代表了大小为 50 A 的差值。图 5-3 是动态小波分析仪采集到的试验 3 焊接过程实时数据。

表 5-1 焊接试验数据

试验序号	I_{ps}/A	I_{bs}/A	t_{ps}/ms	t_{bs}/ms	I_{pw}/A	I_{bw}/A	t_{pw}/ms	t_{bw}/ms	I_{avg}/A	F_{low}/Hz
1	变化	130	2	3	210	130	3	5	165	3.1
2	210	变化	2	3	210	100	3	5	144	3.1
3	变化	70	2	3	210	70	3	5	127	3.1
4	210	变化	2	3	210	70	3	5	127	3.1
5	变化	50	1.5	12	297	50	1.5	20	67	1.7

焊接过程中弧长的稳定性直接体现了电压的稳定性，图 5-3(a)是焊接电压波形图，平均电压是 21.8 V，最小电压是 15.9 V，最大电压是 31.7 V，整个波形呈现有规律的高斯波形变化，电压波动范围小，说明焊接过程稳定。

图 5-3(b)是电流波形，整个波形重复性好，平均电流为 127 A，强、弱脉冲群基值电流相等，都是 70 A，强脉冲群峰值电流按照高斯波形变化，最小值是 210 A，最大值是 260 A，弱脉冲群峰值电流是 210 A。

图 5-3(c)的 $U-I$ 图是由图 5-3(a)和图 5-3(b)组合而成的，可直观地对焊接动态过程进行分析评定。Voltage-Current 的边缘线族清晰、整齐，分布集中，重复性高，这说明焊接过程稳定性好。

图 5-3(d)的焊接输入能量是指电弧瞬时电流和瞬时电压的乘积，它的大小决定了电弧的长短和熔滴的过渡形式，从图中可以看出，脉冲能量呈现规则的高斯波形变化，这说明该焊接过程能量集中，熔滴过渡稳定，通过高斯参数调节容易控制焊接输入能量。

图 5-3(e)的焊接过程动态电阻是瞬时电压和电流的商，该数值随着高斯波形在 0.1～0.35 Ω范围内变动，重复性好。

图 5-3(f)是电流概率密度分布，在 70 A 和 210 A 左右形成 2 个波峰，对应电流波形的基值和峰值电流值，电流主要分布在这两个区域，无断路和短路现象发生，曲线连续说明电流过渡平稳。

图 5-3(g)是电压概率密度分布，在 20 V 左右形成一个大的尖峰，22 V 左右形成一个小的尖峰，分别对应电流的峰值和基值时刻。概率密度分布图的尖峰越陡、越集中，该波形的重复性和稳定性越好。

图 5-3 的数据分析图说明了采用 GAUSS-MIG 焊模型焊接铝合金材料，焊接过程电弧稳定，熔滴过渡有规律。

图 5-4(a)～(c)是试验 3、4、5 放大了的焊接电流波形，电流的重复性好，中间无短路和断路现象发生。结果说明高斯波形调制适应多种参数的脉冲 MIG 焊，能成功焊接 2 mm 的铝合金薄板。

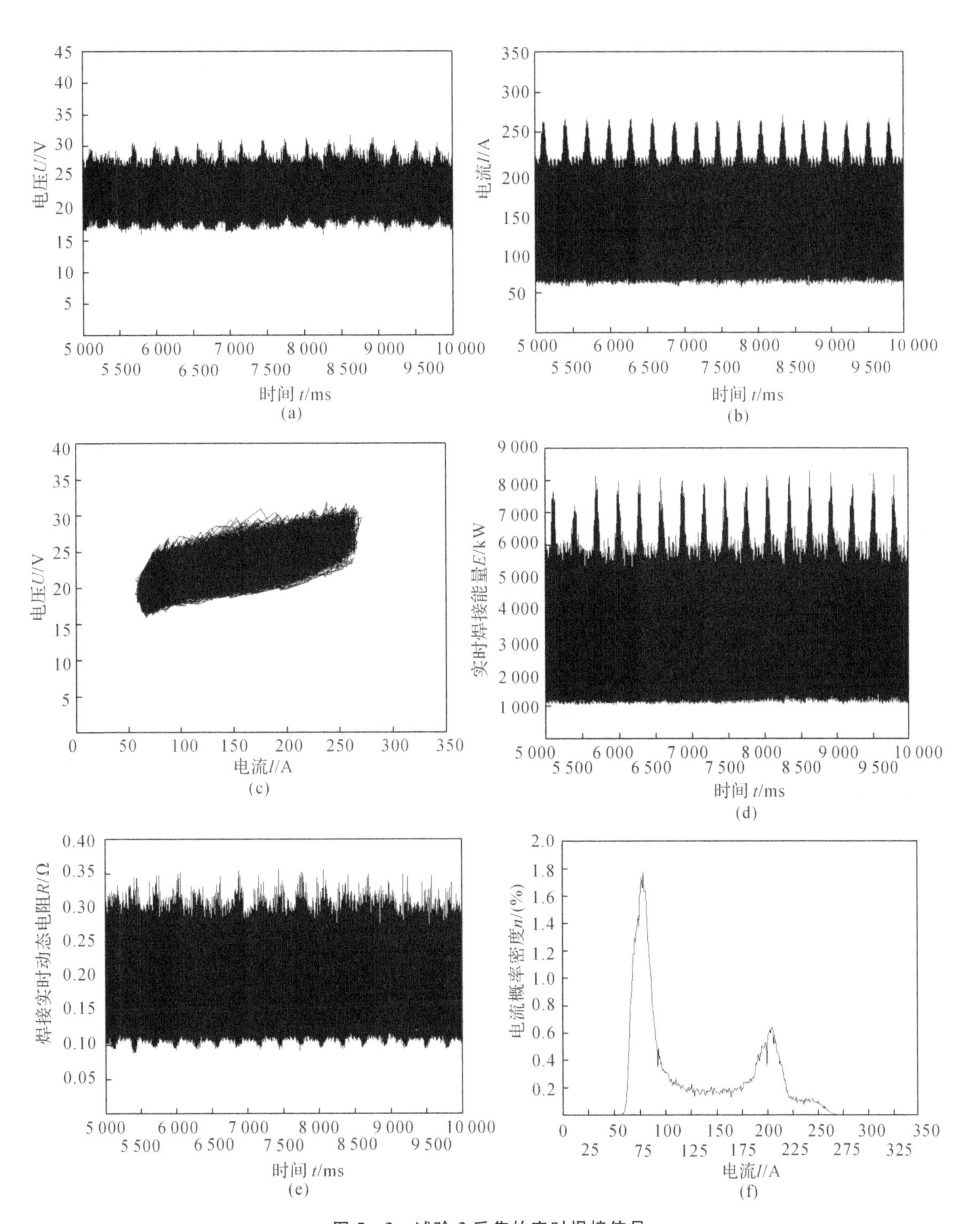

图 5-3　试验 3 采集的实时焊接信号

(a)实时焊接电压波形；(b)实时焊接电流波形；(c)$U-I$ 图；(d)实时焊接能量波形；

(e)焊接实时动态电阻波形；(f)焊接电流概率密度

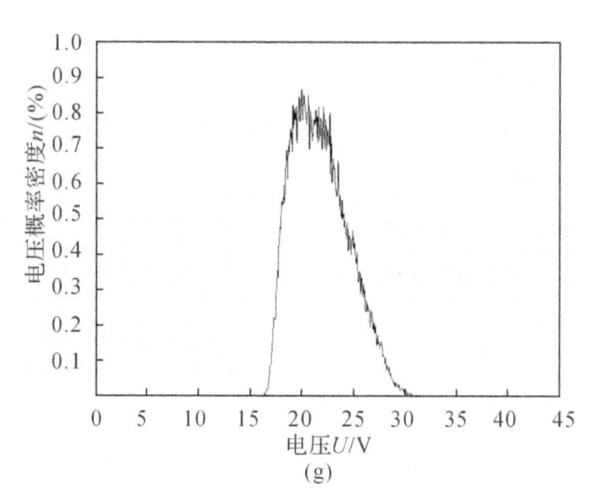

续图 5-3　试验 3 采集的实时焊接信号

(g)焊接电压概率密度

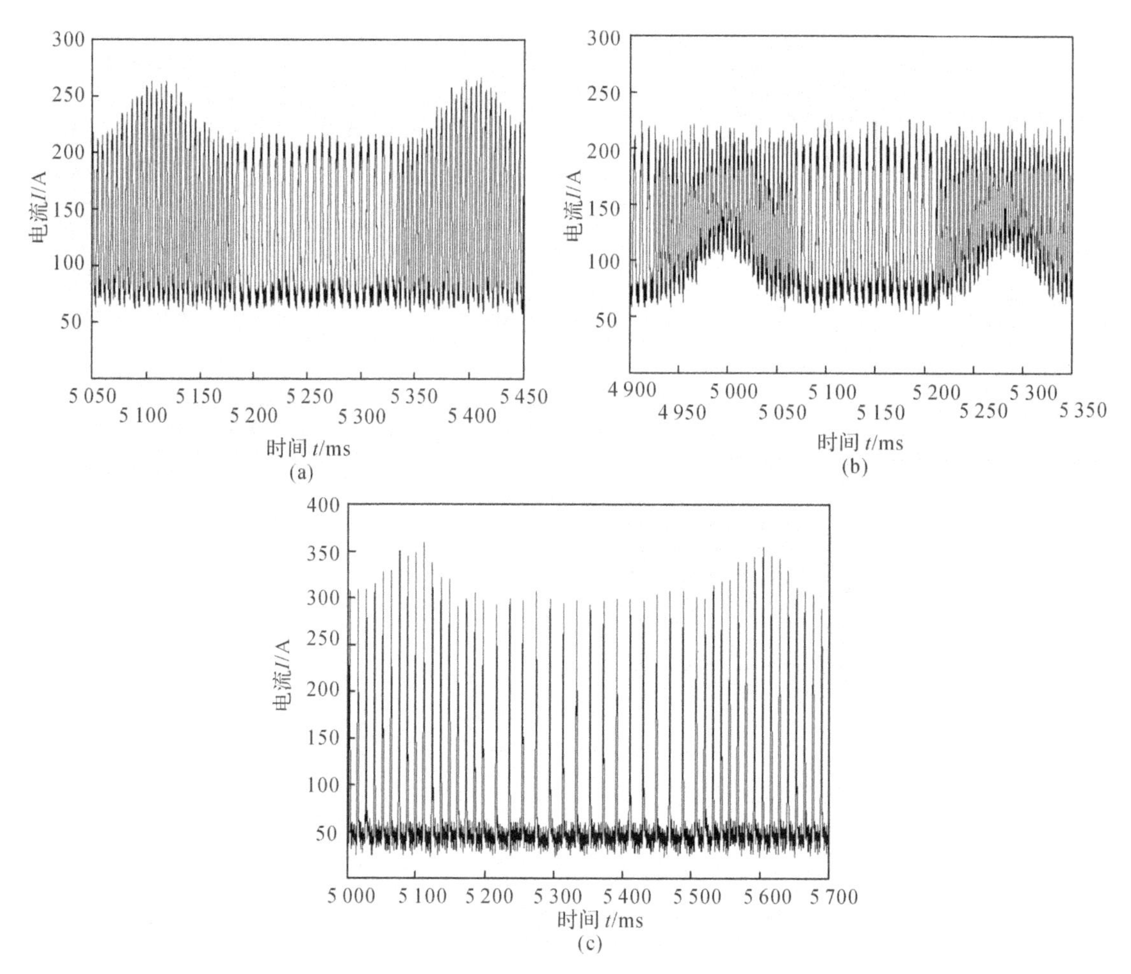

图 5-4　放大的电流波形

(a)试验 3；(b)试验 4；(c)试验 5

从焊接过程来看，试验1～5的焊接过程都顺利完成，电流、电压波形平整，重复性好，无断弧和短路现象发生，电弧声为“嗞嗞”的柔和声，飞溅很少。焊缝外观如图5-5(a)～(e)所示。

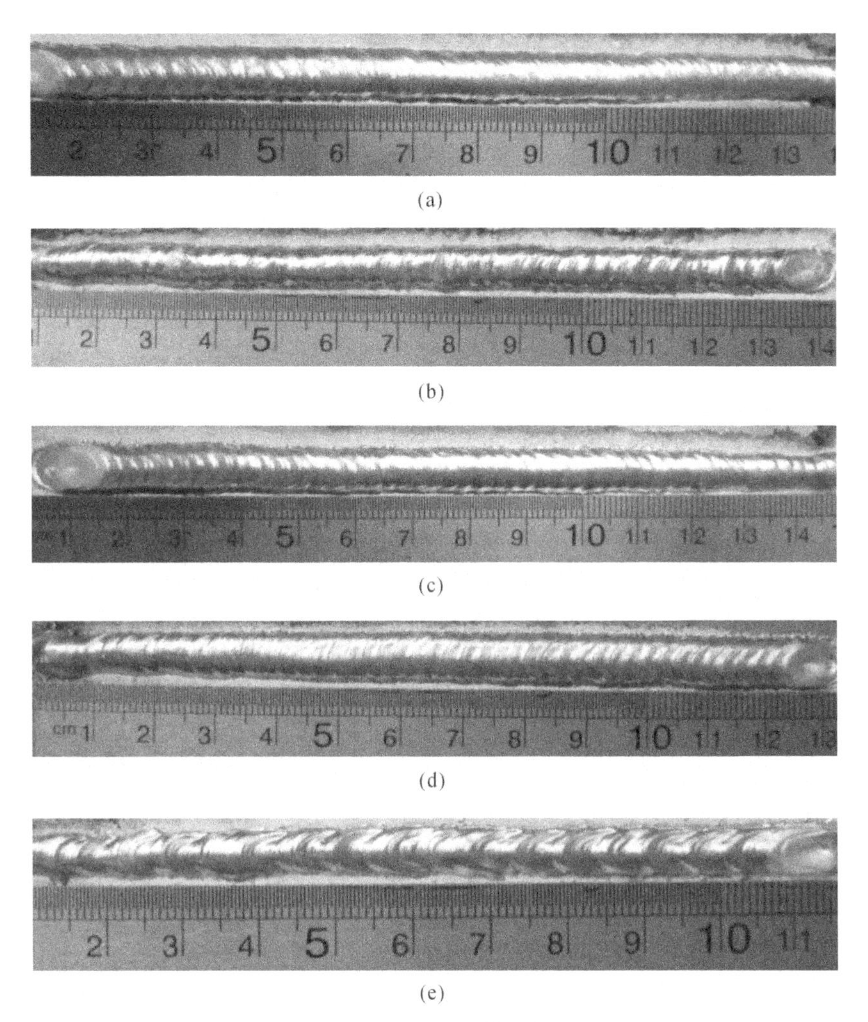

图5-5　五组试验的焊缝外观

(a)试验1；(b)试验2；(c)试验3；(d)试验4；(e)试验5

从外观上来看，焊缝成形好，熔高和熔深合适，表面光亮，鱼鳞波纹清晰、均匀。采用图5-2(b)波形的试验2和试验4的焊接稳定性不如采用图5-2(a)波形的试验1、3、5，飞溅也稍微多一点，说明在基值维弧阶段，保持电流的稳定性对于电弧的稳定性更重要。

在五组不同厚度的铝合金材料上采用不同参数的焊接试验效果说明，GAUSS-MIG焊数学模型是一种新的铝合金焊接电流波形控制模型，能成功焊接各种厚度的铝合金材料，其焊接过程平稳，飞溅少，能量输入可控性好，焊缝成形美观。高斯波形具有无限阶可导性，曲线平滑，调整参数少，容易应用于实践，对于数字化逆变弧焊电源的智能化控制具有重要参考价值。

2. 高斯系数 a 取值不同的试验

为了验证不同高斯强脉冲峰值波形电流的焊接效果，笔者在相同试验平台对 3 mm 的铝合金薄板进行了焊接试验。

焊接试验工艺参数如下：高斯函数的系数 a 的取值分别为 20 A、40 A、60 A 和 80 A；参数 c 取值为 1；I_{0p}的大小分别为 227 A、218 A、209 A 和 200 A；平均电流均约为 99 A；高斯强脉冲群和弱脉冲群峰值时间均为 2 ms；强脉冲群基值时间为 4 ms，弱脉冲群基值时间为 6 ms；强、弱脉冲群的基值电流取值都是 50 A；强、弱脉冲群个数分别为 32 个、18 个；低频调制频率为 3 Hz。

不同峰值的 GAUSS－MIG 焊电流波形如图 5－6 所示。从采集的焊接过程电流、电压信号上看，高斯电流峰值取值分别为 20 A、40 A、60 A 和 80 A 都无短路和断弧现象发生，电流波形变化有规律，重复性好。

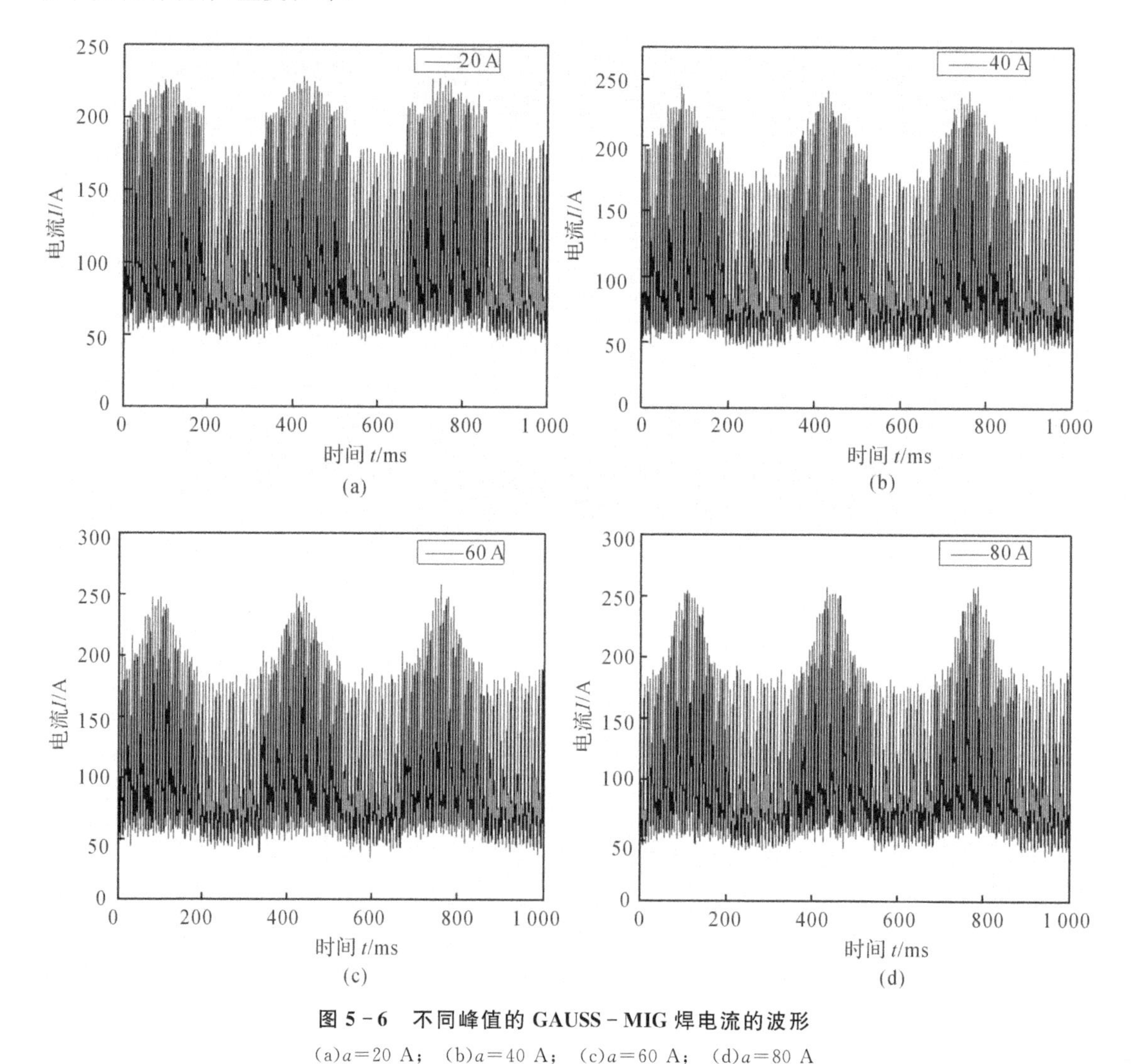

图 5－6　不同峰值的 GAUSS－MIG 焊电流的波形

(a)a=20 A；　(b)a=40 A；　(c)a=60 A；　(d)a=80 A

不同峰值的 GAUSS－MIG 焊焊接接头抗拉强度如图 5－7 所示。高斯电流的峰值取值分别为 20 A、40 A、60 A 和 80 A 时，GAUSS－MIG 焊焊接接头的抗拉强度分别为 99.05 MPa、97.92 MPa、99.32 MPa 和 98.63 MPa。4 种峰值条件下的接头抗拉强度比较接近，差别较小，说明在一定范围内，改变 GAUSS－MIG 焊的峰值电流对其得到的焊接接头的抗拉性能影响较小，无明显差异。

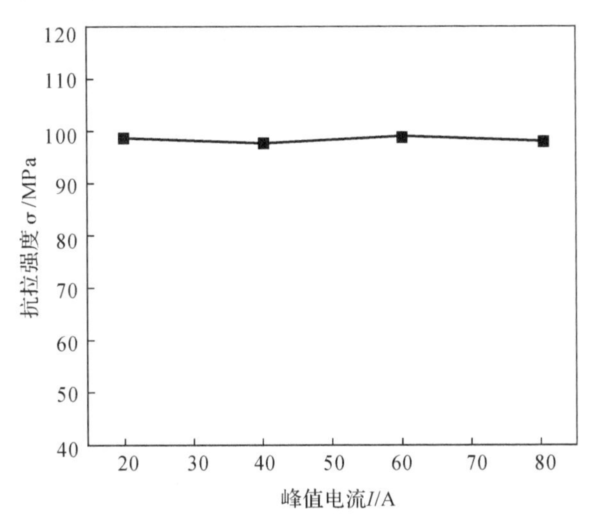

图 5－7　不同峰值的 GAUSS－MIG 焊焊接接头抗拉强度

5.2.2　后中值高斯波形调制脉冲 MIG 焊试验结果及分析

第 4 章介绍的后中值电流波形在铝合金和碳钢的焊接试验中都有不错的效果，但对于 2 mm以下的薄板铝合金的焊接很难焊成合格的焊缝，本节根据铝合金薄板试验效果，尝试用新型的后中值 GAUSS－MIG 焊在 2 mm 超薄板上的焊接。

高斯函数调制后中值电流模型如图 5－8 所示，图中的脉冲电流是图 3－13 所示的后中值电流，经过高斯函数调制后，焊接脉冲电流的基值和中值大小保持不变，分别是 I_b和 I_m，峰值电流 I_p则随着高斯波形变化。图 5－8 中的数学模型除了多了一个中值脉冲外，其他和本章 5.1.1 节介绍的一样。

为了验证后中值波形电流高斯函数调制后的焊接效果，笔者采用 5.2.1 节的试验系统在 2 mm 的铝合金薄板进行了焊接试验。试验条件为：1.2 mm 的铝硅合金焊丝，型号为 ER4043，在 2 mm 的纯铝薄板上进行平板堆焊，保护气为 99.99％氩气，气体流量为 18 L/min，焊丝干伸长为 15 mm，行走机构速度恒定，等速送丝。

焊接试验工艺参数如下：为了简单起见，高斯函数的系数 a 的取值为 50 A；参数 c 取值为 1；I_0的大小为 280 A；I_m的大小为 72 A；I_b的大小为 40 A，I_p的大小由高斯曲线变化规律计算出来，最小值为 280 A，最大值为 330 A；高斯强脉冲群和弱脉冲群峰值时间均为 1.5 ms；强脉冲群基值时间为 15 ms，弱脉冲群基值时间为 25 ms，后中值时间都为 5 ms；强、弱脉冲群的基值电流取值都是 43 A；强、弱脉冲群个数均为 16 个；低频调制频率为 1.2 Hz。

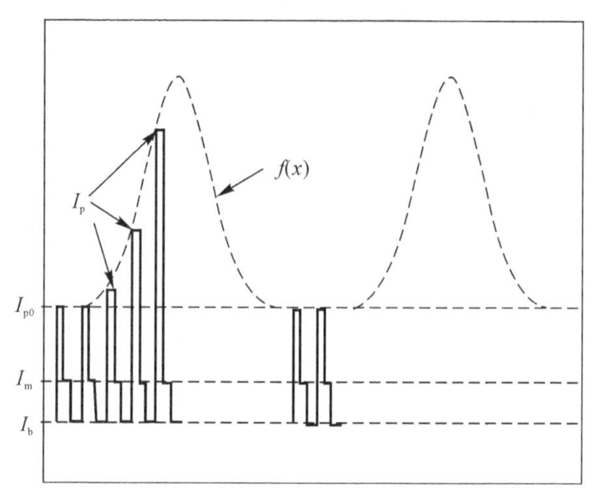

图 5-8　高斯函数调制后中值电流模型

利用上述参数,笔者成功地做了多组试验,焊接过程稳定,重复性好,在 2 mm 的超薄纯铝薄板上完成了具有美观鱼鳞纹的焊缝。试验过程中采集到的数据分析处理结果如图 5-9(a)~(h)所示。

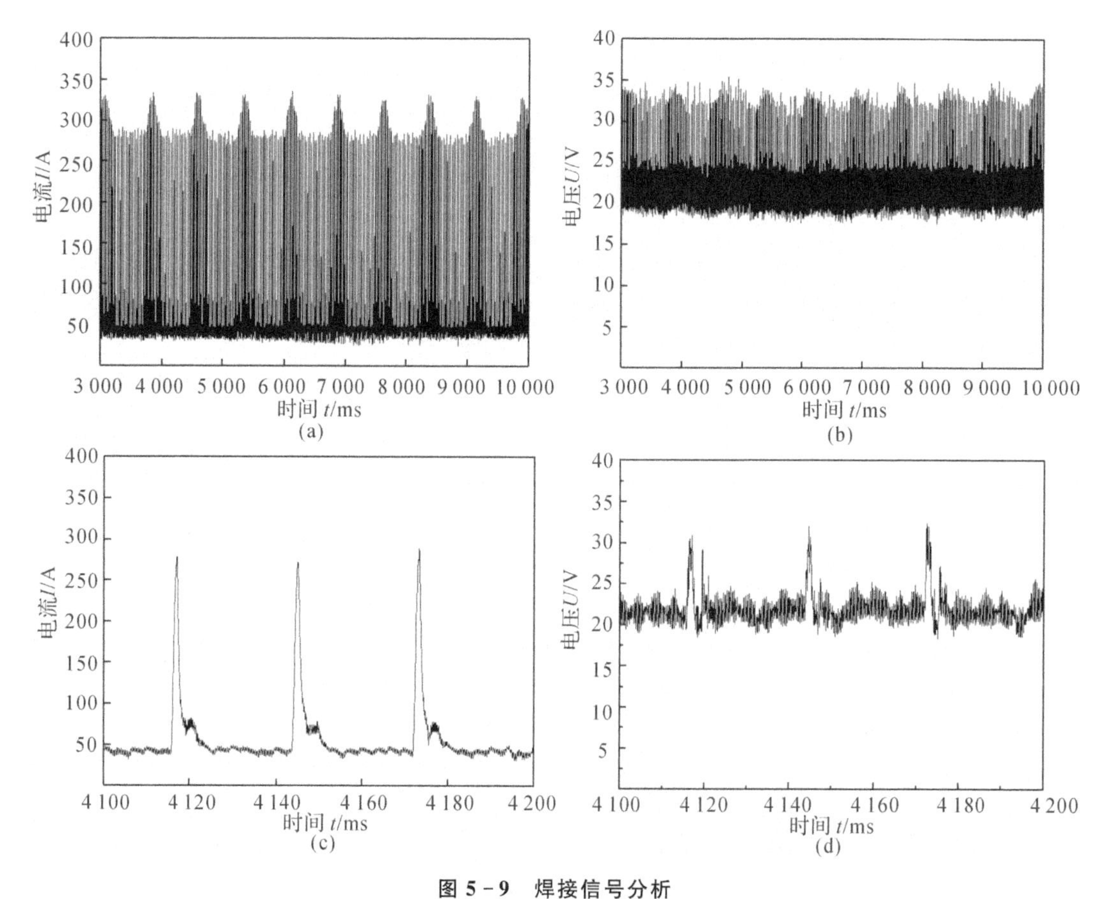

图 5-9　焊接信号分析

(a)实时电流波形；(b)实时电压波形；(c)放大的焊接电流波形；(d)放大的焊接电压波形

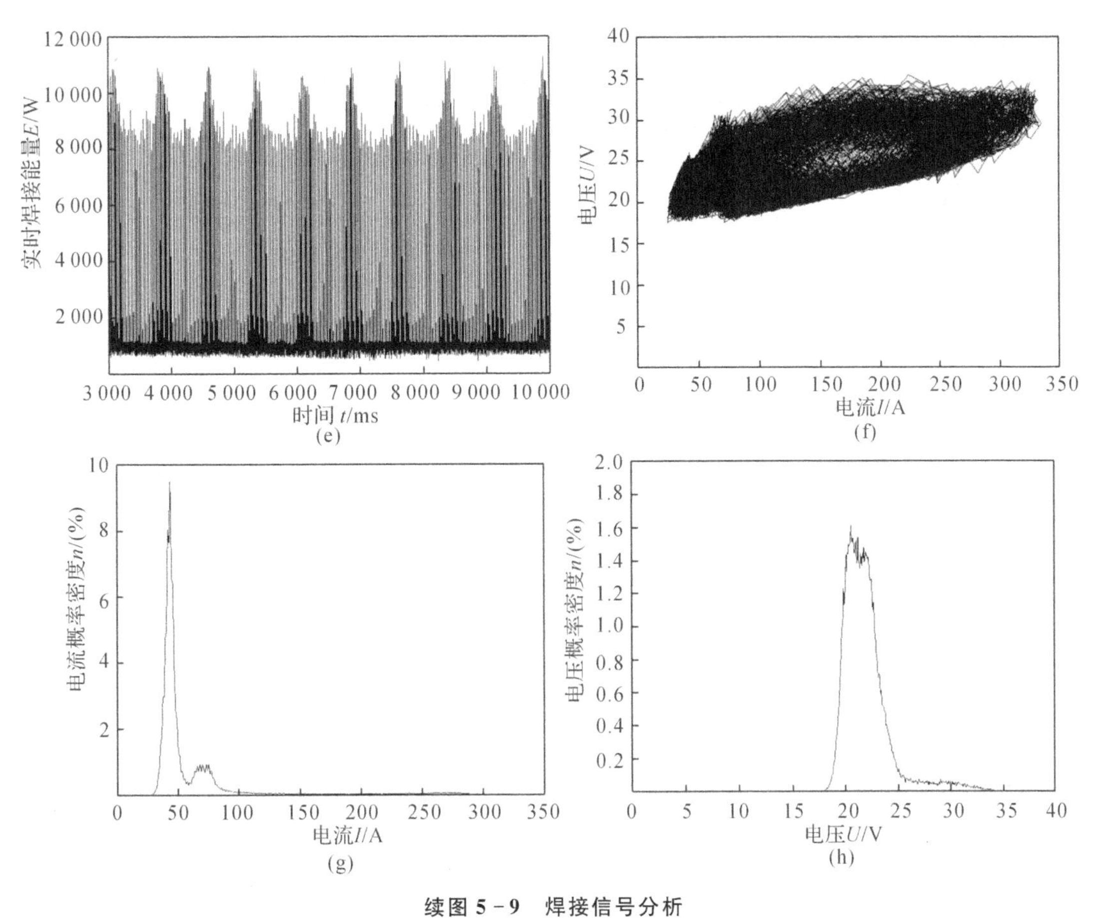

续图 5-9　焊接信号分析

(e)焊接输入能量；(f)$U-I$ 图；(g)电流概率密度；(h)电压概率密度

图 5-9(c)是放大的电流波形，从图中可以看出后中值电流的三个阶段明显，波形稳定工整。图 5-9(d)是放大的电压波形，从图中看出，电压大小也随着电流的三个不同阶段有规律的变化，基值阶段电压稳定，波动较小。

图 5-9(e)的焊接输入能量是指电弧瞬时电流和瞬时电压的乘积，它的大小说明了瞬时输入热量的大小，也能决定电弧的长短和熔滴的过渡形式。从图中可以看出，脉冲能量呈现规则的高斯波形变化，焊接热量输入集中，熔滴过渡稳定，通过高斯参数 a 可以调节控制焊接输入热量。

图 5-9(f)的 $U-I$ 图是由图 5-9(a)和图 5-9(b)组合而成，可直观地对焊接动态过程进行分析评定。电压和电流的关系图边缘线族清晰、整齐，分布集中，重复性高，这说明焊接过程稳定性好。

图 5-9(g)是电流概率密度分布，在 43 A 和 72 A 左右形成一大一小 2 个波峰，对应了电流波形的基值和中值电流值，因为峰值电流 280～330 A 持续时间很短，在分布图上显示的比例很低。电流概率密度曲线主要分布在基值电流和中值电流两个区域，无断路和短路现象发生，曲线连续说明了电流过渡平稳。

图 5-9(h)是电压概率密度分布，从图中看出电压主要分布在 18～34 V 区间内，以22 V

左右区域的分布比例最高，并且形成一个大的尖峰。电压概率密度分布的尖峰越陡、越集中，说明电压波形的重复性和稳定性越好，焊接过程越稳定。

焊缝外观如图 5－10 所示，从外观上看，焊缝正面成形较好，熔高和熔深均合适，表面光亮，鱼鳞状波纹均匀、清晰、有规律，周围飞溅物较少，焊缝背面无焊穿和塌陷现象。

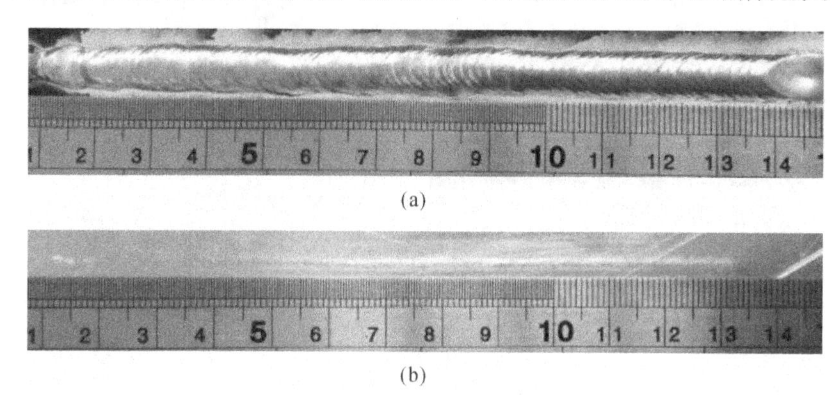

(a)

(b)

图 5－10 焊缝外观

(a)焊缝正面； (b)焊缝背面

后中值 GAUSS－MIG 焊试验更进一步证明了 GAUSS－MIG 数学模型是对铝合金脉冲 MIG 焊方法的改进，适用于各种厚度铝合金材料的焊接，具有重要的研究意义和行业应用价值。

5.2.3 常规双脉冲与高斯波形调制脉冲 MIG 焊试验对比分析

双脉冲铝合金焊接方法是目前焊接行业广泛使用且较为成熟的一种铝合金焊接工艺，为了进一步验证 GAUSS－MIG 焊的效果，和常规的双脉冲铝合金焊接方法做一个对比，在同一个试验平台上，笔者设计了两组试验，采用 3 mm 厚的纯铝薄板进行试焊，对双脉冲与 GAUSS－MIG焊的焊缝效果进行对比，两组试验的焊接平均输入电流基本一致。高斯函数的系数 a 取值为 50 A，两组试验小车行走速度恒定，等速送丝，保护气为 99.99％氩气，气体流量为 15 L/min，焊丝干伸长为 15 mm，采用恒流焊，试验采用的电流参数见表 5－2。

表 5－2 双脉冲与 GAUSS－MIG 焊对比试验参数

<table>
<tr><th rowspan="2">试验序号</th><th colspan="4">强脉冲群</th><th colspan="4">弱脉冲群</th><th colspan="2"></th></tr>
<tr><th>峰值电流 I_{ps}/A</th><th>峰值时间 t_{ps}/ms</th><th>基值电流 I_{bs}/A</th><th>基值时间 t_{bs}/ms</th><th>峰值电流 I_{pw}/A</th><th>峰值时间 t_{pw}/ms</th><th>基值电流 I_{bw}/A</th><th>基值时间 t_{bw}/ms</th><th>低频频率 f/Hz</th><th>平均电流 I/A</th></tr>
<tr><td>1(双脉冲)</td><td>220</td><td>2</td><td>50</td><td>4</td><td>180</td><td>2</td><td>50</td><td>6</td><td rowspan="2">2.8</td><td>95.4</td></tr>
<tr><td>2(GAUSS－MIG)</td><td>变化</td><td>2</td><td>50</td><td>4</td><td>190</td><td>2</td><td>50</td><td>6</td><td>96.4</td></tr>
</table>

试验采集的电流、电压波形如图 5－11 所示，从波形外观看，两组试验都能顺利完成，GAUSS－MIG 焊波形比双脉冲波形更工整，稳定性更好。

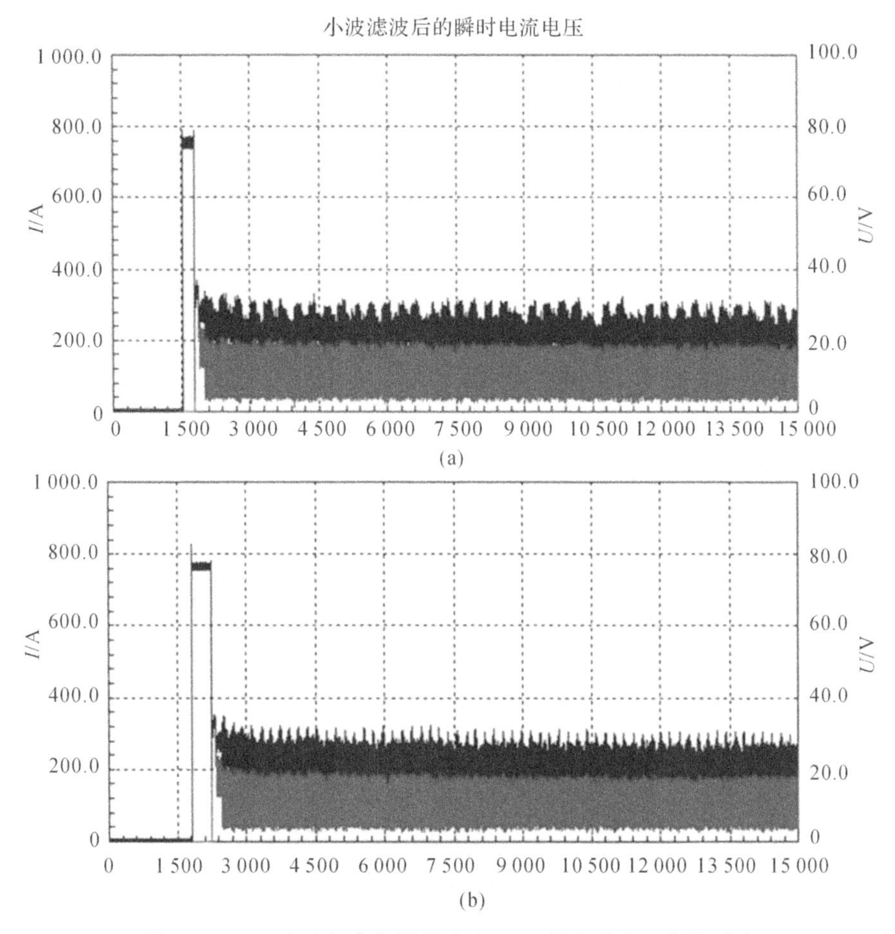

图 5－11　双脉冲与高斯调制脉冲 MIG 焊电流电压信号对比

(a)双脉冲 MIG 焊；（b)高斯调制脉冲 MIG 焊

焊缝外观如图 5－12 所示，两种焊接方法的焊缝外观都有鱼鳞纹焊缝，反映出两组试验都顺利完成，但 GAUSS－MIG 焊的规整性更好，焊道的宽度一致性更好，双脉冲焊接过程中电压的几次跳变在焊缝上也反映出来了。

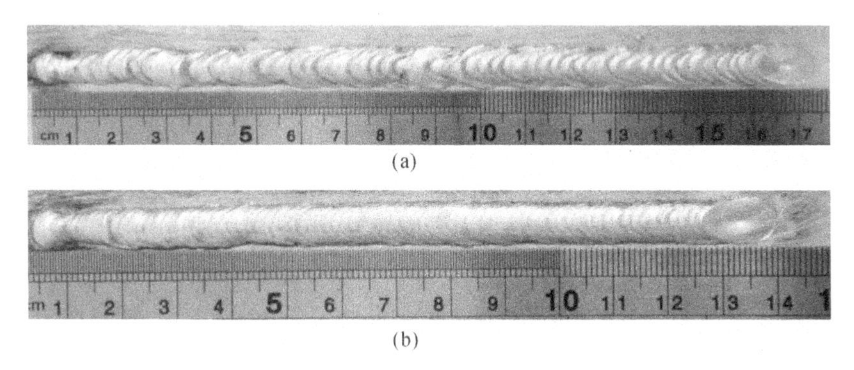

图 5－12　焊缝外观

(a)双脉冲 MIG 焊；（b)高斯调制脉冲 MIG 焊

为了从更微观的角度评价两个焊缝的机械与力学性能，对两种焊接方法焊后的焊缝试件表面磨平抛光，采用线切割的方法准备拉伸试样，试样厚度为 3 mm，拉伸试件尺寸如图 5－12 所示。

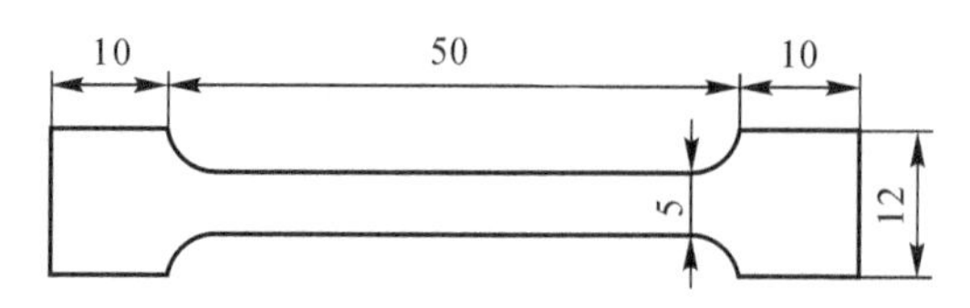

图 5－13　拉伸试件尺寸(单位:mm)

表 5－3 的数据是采用岛津 HMV－2T 型显微硬度计测试焊缝硬度，通过试件表面各取 10 个点，取其平均值而得到的；采用岛津 AG－IC 立式电子万能试验机拉伸试样测试力学性能，每组焊缝各测五个试样，对获得的数据求平均值。双脉冲和 GAUSS－MIG 焊两种焊接方法的焊缝屈服强度、抗拉强度和显微硬度数值都比母材大，并且 GAUSS－MIG 焊的焊缝维氏硬度比双脉冲的提高了 17.89%，抗拉强度提高了 13.97%，屈服强度提高了 28.95%，各项力学性能指标的提高说明和常规的铝合金双脉冲焊接方法相比，GAUSS－MIG 焊是一种新型、优良的铝合金薄板焊接新方法。

表 5－3　双脉冲与 GAUSS－MIG 焊缝力学性能对比

类　型	屈服强度 R_{el}/MPa	抗拉强度 R_m/MPa	显微硬度 HV
母材	73.14	81.15	43.92
试验 1 焊缝	78.06	92.18	67.23
试验 2 焊缝	100.66	105.06	79.26

使用 MeF－3 型光学显微镜和 PHILIPS－XL30 扫描电镜观察焊接接头截面的显微组织，如图 5－14 所示，图 5－14(a)为双脉冲 MIG 焊接头组织，图 5－14(b)为 高斯调制脉冲 MIG 焊接头组织。

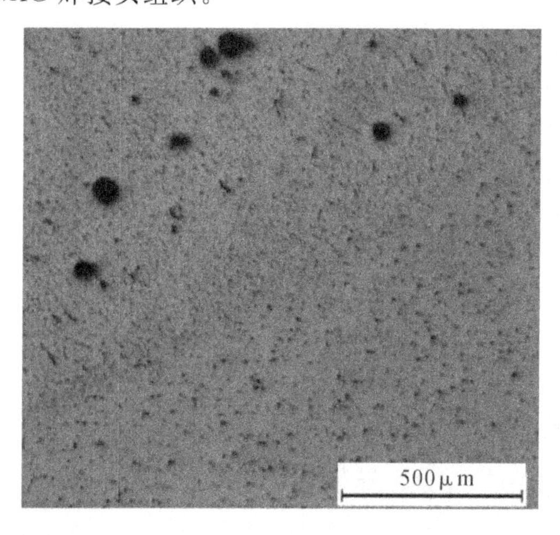

(a)

(b)

图 5－14 焊接接头微观组织

(a)双脉冲 MIG 焊接头组织；(b)高斯调制脉冲 MIG 焊接头组织

由图 5 - 14 中可以看出，双脉冲 MIG 焊接头热影响区及其两侧气孔较多，晶粒尺寸相对较大；高斯调制脉冲 MIG 焊接接头气孔很少，晶粒尺寸相对较小。双脉冲 MIG 焊接过程中能量较分散，集中度不如高斯调制 MIG 焊，温度梯度相应较小，焊缝组织变得粗大，同时焊接过程的能量导致焊缝金属在高温的停留时间长，使熔池向母材方向上传递的能量增大，为晶界的迁移提供了更多的驱动力，容易导致裂纹、气孔等缺陷产生；另外，不同焊接方法对熔池振荡的效果也不同，金相也能说明高斯调制 MIG 的焊接接头抗拉强度好，高斯调制 MIG 焊强弱脉冲耦合很好，熔池振荡适宜，气体大量逸出，晶粒细化，气孔及裂纹等缺陷减少。

为了探讨焊接接头的拉伸断裂机制，对热影响区断裂的拉伸式样进行扫描电镜观察，对双脉冲焊和高斯脉冲 MIG 焊的拉伸断口进行对比，如图 5 - 15 所示。从图中可以观察到，两种焊接工艺的断口形貌都呈现韧窝特征，分布也相对比较均匀，表现为韧性断裂。对比可明显发现，高斯脉冲 MIG 焊接头的韧窝呈现显著的层状撕裂，这说明该方法焊接的接头韧性良好，进一步证明了拉伸试验的效果。

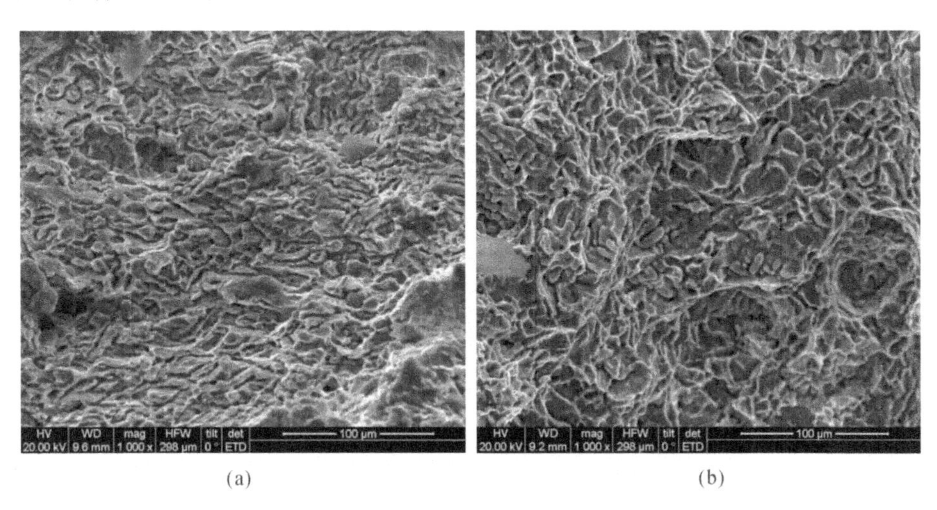

(a)　　　　(b)

图 5 - 15　拉伸断口的微观组织

(a)双脉冲 MIG 焊的断口形貌；(b)高斯调制脉冲 MIG 焊断口形貌

5.3　高斯脉冲焊一元化调节模型

近年来，铝合金焊接技术和工艺得到了很大的发展，多种新工艺被研究者提出来以改善焊缝成形的效果。铝合金熔化极气体保护焊熔滴过渡的不同形式，一脉一滴的熔滴过渡形式最适于铝合金材料的焊接。高斯脉冲焊接方法能量输入集中，控制参数灵活，优于传统的双脉冲铝合金焊接工艺。有不少研究者采用超声和激光辅助铝合金脉冲焊，发现这两种方法都能控制熔滴过渡，增强焊接过程的稳定性，细化焊缝的晶粒。焊接过程的电流波形和脉冲个数对焊缝成形效果都有影响，而且采用不同波形的脉冲电流也可以细化焊缝的晶粒大小。研究人员在 6061 母材上做了不同热处理和不同型号的铝合金焊丝的焊接试验，发现热处理和焊丝成分对焊缝的物理性能都有较大的影响。铝合金材料的焊接对工艺参数要求极高，脉冲电流大小，占空比，电压，送丝速度等众多参数稍有变化，焊缝成形效果就会有很大的差别。为了降低铝合金焊接难度，利用高斯脉冲焊接方法，建立一个一元化参数调节数学模型，该模型在一定焊接平均输入电流区间内，通过调整脉冲基值电流就能实现焊接多种厚度 6061 铝合金板材，焊接过程稳定，飞溅少，鱼鳞纹焊缝美观。

5.3.1 一元化调节模型

高斯脉冲焊接是一种新型的铝合金材料双脉冲焊接方法，如图 5-16 所示。图中 $f(x)$ 表示高斯函数曲线。图中 I_{ps} 表示高斯脉冲峰值电流，其大小等于高斯脉冲峰值初始电流 I_{op} 加上高斯值，I_{bs} 表示高斯强脉冲群基值电流，I_{pw} 表示弱脉冲群峰值电流，I_{bw} 表示弱脉冲群基值电流，t_{gs} 代表高斯强脉冲群峰值电流的时间间隔，t_{gw} 代表高斯强脉冲群基值电流的时间间隔 t_s 代表弱脉冲群峰值电流的时间间隔，t_w 代表弱脉冲群基值电流的时间间隔。

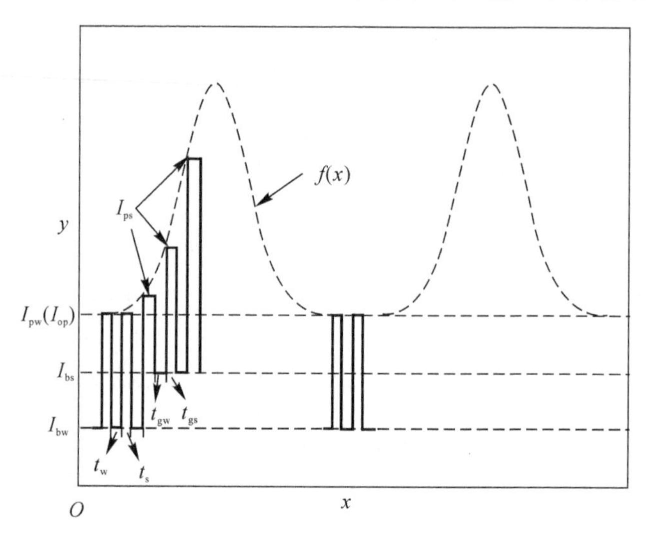

图 5-16　高斯脉冲焊接方法示意图

由图 5-16 可以看出高斯脉冲峰值电流 I_{ps} 的大小随时间而改变，规律是按照高斯曲线变化，符合下列公式关系：

$$I_{ps}=I_{op}+a\mathrm{e}^{-x^2} \tag{5-13}$$

整个焊接过程平均输入电流可以用下式计算：

$$I_{avg}=\frac{n_s\left\{\left[I_{op}+a\sqrt{\pi}\,t_{gs}/(t_{gs}+t_{gw})\right]t_{gs}+I_{bs}t_{gw}\right\}+n_w(I_{op}t_s+I_{bw}t_w)}{n_s(t_{gs}+t_{gw})+n_w(t_s+t_w)} \tag{5-14}$$

式中：I_{avg} 代表高斯脉冲焊的电流大小；n_s 代表高斯脉冲的数量；a 代表高斯曲线的峰值；n_w 代表弱脉冲的数量；其他参数含义和前述一样。焊接工艺经验表明，在 n_s 和 n_w 取值合适的情况下，强、弱脉冲时间间隔和电流大小在一个相对较宽的取值范围内，焊接过程都很稳定，焊缝成形效果良好，这些特性为高斯脉冲基于弱脉冲群基值电流一元化调节模型的建立提供了基础。为了便于试验参数设置，作了如下的假设：

$$t_{gs}=t_s \tag{5-15}$$

$$I_{bs}=\beta I_{bw},\quad \beta\in[1,\ 10] \tag{5-16}$$

把它们代入式(5-14)，运算后可得焊接平均电流 I_{avg}。

$$I_{avg}=\frac{(n_s+n_w)t_sI_{op}+an_s\sqrt{\pi}t_s^2/(t_s+t_{gw})+(\beta n_st_{gw}+n_wt_w)I_{bw}}{n_s(t_s+t_{gw})+n_w(t_s+t_w)} \tag{5-17}$$

大量焊接试验验证，在式(5－17)中，强弱脉冲个数和时间在平均电流的某个取值区间内都可以采用优化的固定值，焊缝效果良好。这样，式(5－17)在一定平均电流范围内可以简化为式(5－18)，其中 A 和 B 为常数，因此通过调节一个参数 I_{bw} 就可获得不同的焊接平均输入电流。

$$I_{avg}=A+BI_{bw} \tag{5-18}$$

5.3.2　试验结果与分析

1. 试验条件

为了验证高斯脉冲一元化调节数学模型的有效性，用不同大小的电流分别在 2 mm、3 mm和 5 mm 厚度 6061 铝合金母板上进行平板堆焊试验。试验条件为：试验室自行研制的 DSP 数字化逆变电源；直径为 1.2 mm 的 ER4043 铝硅合金焊丝；6061 铝合金母板长度为 250 mm，宽度为 100 mm；保护气为氩气，纯度为 99.99%，气体流量为 18 L/min；焊丝干伸长为 15 mm；焊接机构行走速度恒定，等速送丝，送丝速度随着焊接平均电流的增大而加快；焊接过程电流和电压信号由自行研制的小波分析仪实时采集获取。

试验参数见表 5－4，根据式(5－17)，模型中 a 取值 40，β 取值 1.2，n_s 为 21，n_w 为 14，F_{low} 是低频频率。

表 5－4　一元化调节工艺试验参数

试验编号	焊件尺寸 mm×mm×mm	I_{ps}/A	t_s/ms	I_{bs}/A	t_{gw}/ms	I_{op}/A	I_{bw}/A	t_w/ ms	I_{avg}/A	F_{low}/Hz
1	250×100×2	高斯曲线变化	2.5	36	9.5	260	30	14.5	72	2
2	250×100×3	高斯曲线变化	2.5	60	9.5	260	50	14.5	92	2
3	250×100×5	高斯曲线变化	2.5	108	9.5	260	90	14.5	126	2

试验完成后，沿垂直于焊缝方向按照图 5－17 所示的尺寸用线切割的方式拉伸试件，拉伸件厚度为 2 mm，表面磨平整；采用岛津 HMV－2T 型显微硬度计测试焊缝硬度，施加压力为 0.98 N，测试时间是 15 s，由焊缝中心向一侧基材方向每隔 0.5 mm(焊缝区)和 1 mm(远离焊缝区)取点测试；采用万能拉伸试验机拉伸试样测试力学性能，母材、试验 2 和试验 3 各取三个试样，对获得的拉伸数据取平均值；金相试件经水砂纸打磨，金刚石液抛光后放入自己调配的 Keller 试剂(H_2O : HCl : HNO_3 : HF＝95% : 1.5% : 2.5% : 1%)中腐蚀 45 s 后烘干，用 Leica DMI3000M 光学显微镜观察金相组织。

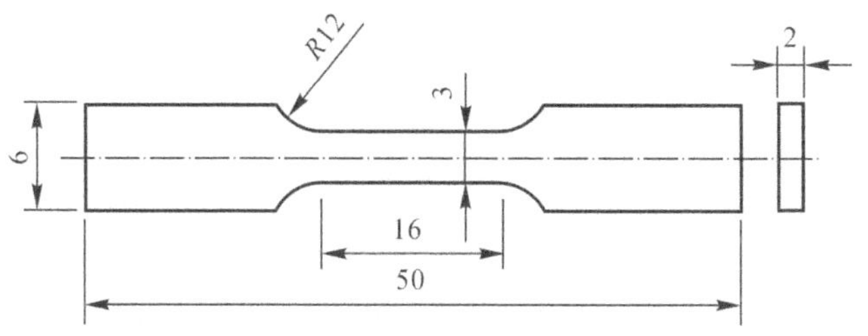

图 5－17　拉伸件尺寸(单位:mm)

2. 焊接过程稳定性

表 5-4 中三组试验都顺利完成，焊接过程稳定，飞溅较少，电弧声音柔和。图 5-18 为试验 1～3 的焊缝外观，从图中可以看出三组试验的焊缝表面光亮，鱼鳞纹清晰。

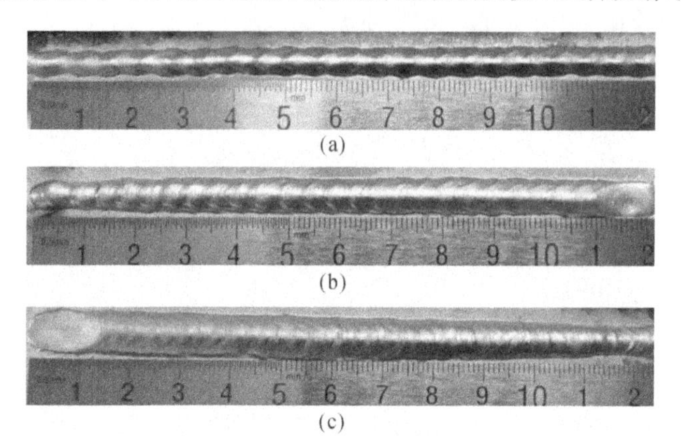

图 5-18 焊缝外观

(a)试验 1(2 mm 厚度)； (b)试验 2(3 mm 厚度)； (c)试验 3(5 mm 厚度)

焊接过程采集的电流、电压信号如图 5-19 所示，电信号是焊接过程稳定性最直接的反映，焊接效果不好会导致电信号的波动较大。从图 5-19 中可以看出，三组试验的电流、电压信号平稳，整个波形呈现有规律的高斯波形变化，电压波动范围较小，无短路和断弧现象发生，这说明焊接过程稳定。

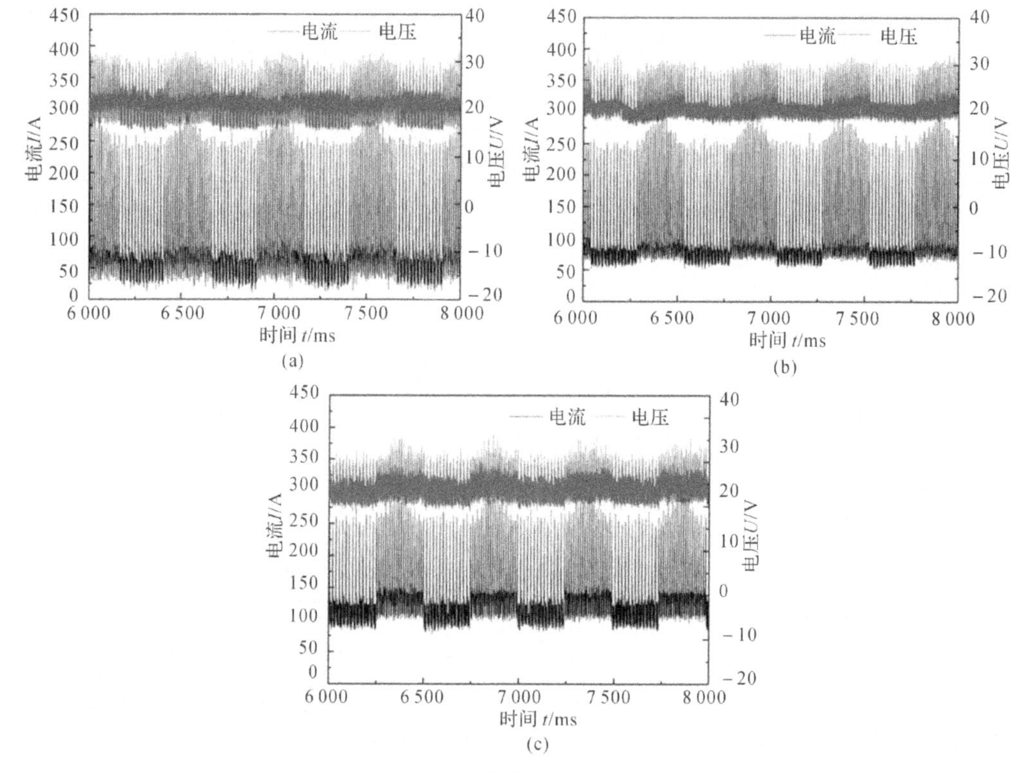

图 5-19 焊接过程电信号

(a)试验 1； (b)试验 2； (c)试验 3

3. 焊缝微观组织

图 5－20(a)～(d)为试验 2 和试验 3 的微观金相组织。图 5－20(a)和图 5－20(b)的焊缝熔合区清晰可见，由于高斯脉冲的充分搅拌作用，融合线附近没有明显的裂纹、气孔或其他宏观缺陷，沿熔合线方向可以看到垂直于熔合线向上生长的树枝状晶粒。熔池温度高，焊丝融化后冷却速度快，故焊缝区的晶粒比热影响区细化。从图 5－20(c)和图 5－20(d)可看到，两组试验的焊缝中部都是大小不同的树枝状晶粒，晶界之间是黑色的铝硅共晶相。

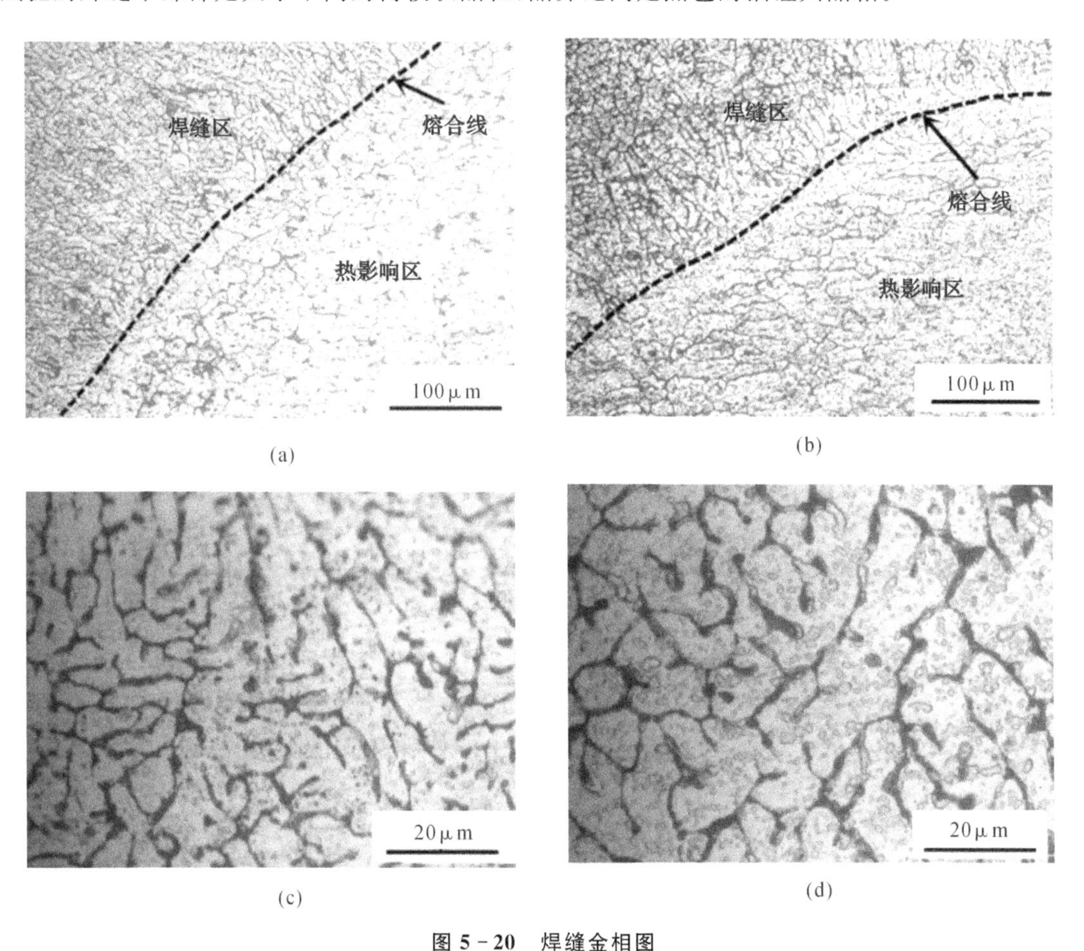

(a)　(b)　(c)　(d)

图 5－20　焊缝金相图

(a)试验 2；(b)试验 3；(c)试验 2 焊缝中部；(d)试验 3 焊缝中部

4. 焊缝物理性能

第 2 组和第 3 组试验的拉伸件均断裂在热影响区，最大抗拉强度分别为 213 MPa 和 208 MPa，母材的抗拉强度为 308 MPa，焊缝热影响区的平均抗拉强度达到了母材的 68%左右。沿焊缝中心线向一侧取 25 个点作出维氏显微硬度值曲线，如图 5－21 所示，试验 2 的平均硬度为 72.32 HV，试验 3 的平均硬度为 70.42 HV，两组试验测得的最低硬度值都出现在热影响区。

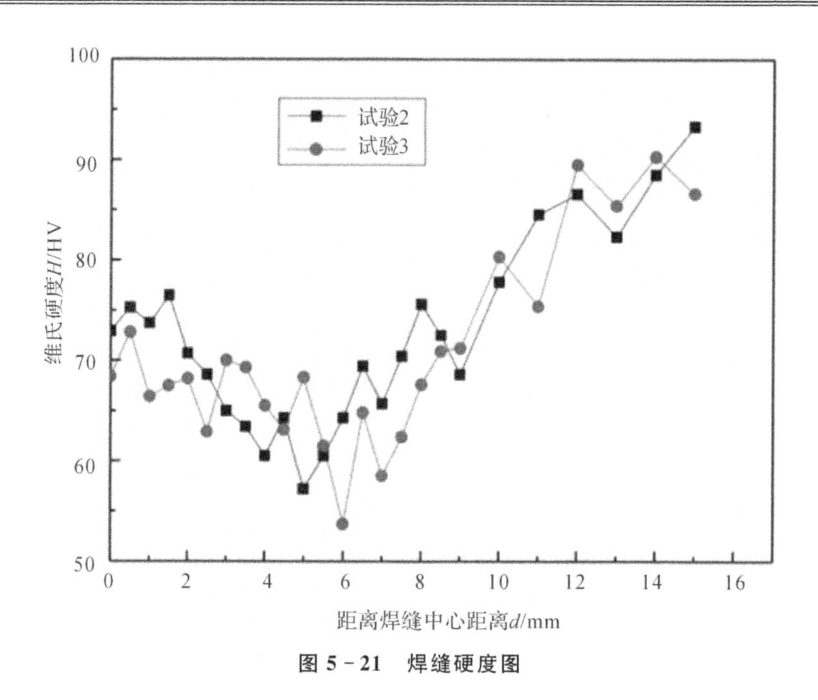

图 5-21　焊缝硬度图

图 5-22 显示了两组拉伸试样断裂截面的 SEM(Scanning Electron Microscope,扫描电镜)照片,可以看出焊缝的拉伸断裂主要由大量不规则的韧窝组成,断裂前有明显的塑性变形,属于韧性断裂模式。

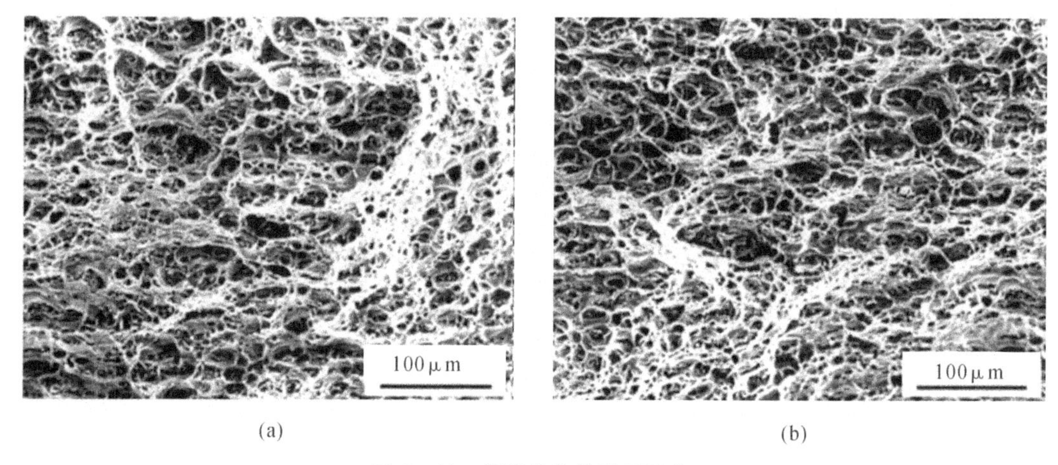

图 5-22　焊缝拉伸件断口形貌

(a)试验 2;　(b)试验 3

本小节从理论上建立了一种简化铝合金高斯脉冲焊电流一元化调节的数学模型,实现通过弱脉冲群基值电流调节焊接过程平均输入电流的新工艺,降低了通过大量试验数据建立专家数据库来实现焊接工艺一元化调节的难度。对 2～5 mm 厚 6061 铝合金板材,通过平板堆焊试验验证了一元化数学模型的有效性,三组试验焊缝外观光亮、美观,飞溅较少,焊接过程电流、电压信号重复性好。焊缝金相组织主要由细小枝状晶组成,物理性能良好,拉伸试验断裂在热影响区,抗拉强度达到了母材的 68%左右。

参考文献

[1] 张俊红. 铝合金双脉冲焊电流波形调制技术及在增材制造中应用[D]. 广州:华南理工大学, 2020.
[2] SUBRAMANIAM S, WHITE D R, JONES J E, et al. Droplet transfer in pulsed gas metal arc welding of aluminum[J]. Welding Journal, 1998, 77(11):458 - 464.
[3] ZHU Q, XUE J X, YAO P, et al. Gaussian pulsed current waveform welding for aluminum alloys [J]. Materials and Manufacturing Processes, 2015, 30 (9): 1124 - 1130.
[4] CHEN C, FAN C, CAI X, et al. Analysis of droplet transfer, weld formation and microstructure in Al - Cu alloy bead welding joint with pulsed ultrasonic - GMAW method[J]. Journal of Materials Processing Technology, 2019, 271 (9):144 - 151.
[5] JIA Y Z, XIAO J, CHEN S J, et al. Pulsed laser enhanced metal transfer of aluminum alloy in GMAW[J]. Optics and Lasers in Engineering, 2019, 121 (10):29 - 36.
[6] 薛家祥, 林方略, 金礼, 等. 脉冲电流波形对 Tandem 双丝 MIG 焊力学性能影响[J]. 焊接学报, 2019, 40(12):6 - 10.
[7] 武威, 薛家祥, 金礼, 等. 脉冲个数调频对铝合金双脉冲焊性能的影响[J]. 焊接学报, 2019, 40(5):126 - 130.
[8] BALASUBRAMANIAN V, RAVISANKAR V, REDDY G M. Effect of pulsed current welding on mechanical properties of high strength aluminum alloy [J]. International Journal of Advanced Manufacturing Technology, 2008, 36(3):254 - 262.
[9] GUZMÁN I, GRANDA E, ACEVEDO J, et al. Comparative in Mechanical Behavior of 6061 Aluminum Alloy Welded by Pulsed GMAW with Different Filler Metals and Heat Treatments [J]. Materials, 2019, 12(24):4157.

第6章 电流波形调制技术在铝合金增材制造中的应用

增材制造采用逐层沉积的原理，具有快速成形的特点，在工业制造领域应用广泛，近年来逐渐成为国内外学者研究的热点。增材制造分别以电子束、激光束、电弧等为热源，由于其以电弧为热源，故成本低，且能快速成形。本章主要研究铝合金电弧增材制造工艺。前面章节已经分别研究了铝合金焊接电源硬件/软件系统、蚁群优化 PID 控制算法、电信号采集小波分析系统、电流波形调制方式以及基值电流和低频调制频率变化对焊缝成形及其力学性能的影响。基于铝合金焊接试验的结果，研究优化的电流波形参数在铝合金增材制造中的应用技术。

本章采用双脉冲 MIG 焊，使用自主研发的焊接电源系统和电信号采集小波分析系统，根据第 4 章的焊接参数优化结果，研究电流波形参数对铝合金增材制造的影响，对铝合金增材制造试件进行了金相组织、拉伸测试和显微硬度分析，并对比分析矩形波与梯形波调制双脉冲焊得到的铝合金增材制造试件的力学性能，为工程应用方面提供工艺指导。

6.1 试验条件与试样制备

在铝合金增材制造试验中，主要通过分析采集到的沉积过程中的电信号电流、电压波形，观察金相微观组织，测试硬度与拉伸强度，并观察拉伸断口的形貌来进行表征。对试验过程以及所得到的增材制造试件进行制备：

(1)电信号采集小波分析。采用本书设计的电信号采集小波分析系统进行电信号采集，并结合 1.5 节的评价系统对沉积过程中电弧的稳定性进行分析。

(2)金相试验制备。在试验所得到的每个试件中，从试件的左半部分、右半部分分别使用电切割机 STDX600 选取两个平行于沉积层焊缝的 3 mm×10 mm×10 mm 的立方体块，并使用抛光剂进行抛光，使得表面光滑、平整，便于观察微观形貌。使用 Keller 腐蚀剂(H_2O : HNO_3 : HCl : HF=95 : 2.5 : 1.5 : 1)进行腐蚀，浸蚀试样 10～20 s，使用电吹风吹干即可。

(3)拉伸试样制备。在试验所得增材制造试件中切割出拉伸试样，试样尺寸如图 6-1 所示。

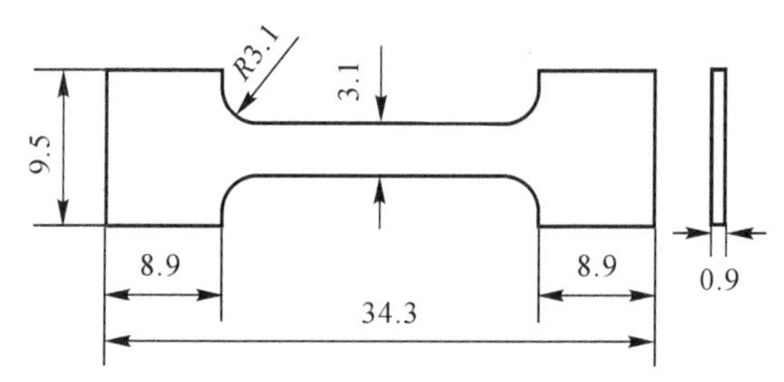

图 6-1 增材试件拉伸样尺寸(单位:mm)

(4) 测试仪器。观察铝合金增材制造试件的金相组织使用德国的 Olympus GX51 光学显微镜;测试硬度使用 VH5 Vickers 维氏仪;拉伸强度根据拉伸标准 ASTM E8,使用日本的 AG - IC拉伸机拉伸进行测试;拉伸断口使用日本的扫描电镜 SEM 430 进行断口形貌观察分析。由于试验沉积层数不高,故拉伸强度只研究平行于沉积方向的拉伸强度,金相试样、拉伸样以及硬度测试取样位置如图 6 - 2 所示。

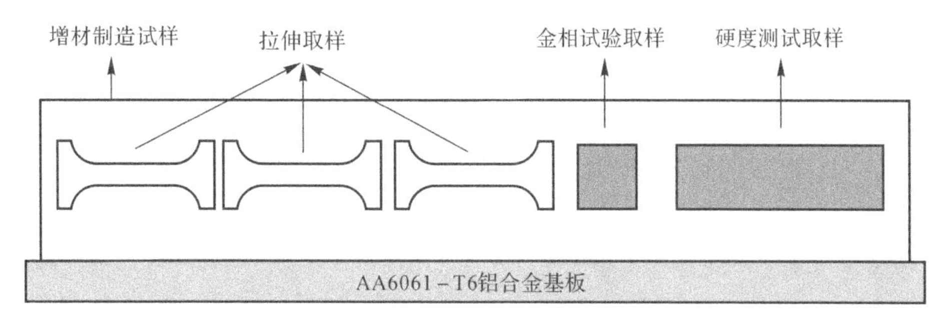

图 6 - 2　力学测试样的取样位置

6.2　矩形波调制双脉冲焊增材制造试验

增材制造的显著特点是快速成形且不需要借助于模具,但是考虑到铝合金本身热导率小的因素,铝合金增材制造过程中每层沉积后的散热成为主要的问题,如果层间冷却时间比较短,则会由于底层还有大量的热量没有散去,而大大增加了热输入,导致后面沉积或因塌陷而失败,如果层间冷却时间较长,则能明显降低热输入的影响,但势必会造成增材的效率有所降低。因此,选择合理的层间冷却时间是非常有必要的。本节主要研究层间冷却时间对铝合金增材制造的影响,试验采用矩形波调制双脉冲焊进行逐层沉积。

6.2.1　层间冷却时间对增材制造影响的试验设计

在本节设计的铝合金增材制造试验中,基板选择牌号为 AA6061 - T6 的铝合金,增材填丝材料选择牌号为 ER4043,直径为 1.2 mm,基板和填丝材料化学成分含量和第 4 章的铝合金焊接试验相同,基板尺寸为 300 mm×50 mm×3 mm,增材制造和焊接试验使用相同的底部环境条件。采用自行研制的数字化焊接电源系统,使用直行夹持机构沿着同一个方向进行沉积。同一组试验中的层间冷却时间,每焊一层,将焊枪提高 0.2 cm 高度,共三组试验 d1、d2 和 d3,分别对应层间冷却时间为 10 s、50 s 和 90 s。沉积试验参数选择第 4 章矩形波调制焊接试验优化的电流波形参数,焊接平均电流大小选择 90 A,焊接速度为 56.5 cm/min,高频周期为 12 ms,低频调制频率约为 5 Hz,强弱脉冲个数比 $M:N$ 为 8:8,选择纯度为 99.99%的氩气作为保护气体,气体流量设定为 16 L/min。试验前清理试验台以减少外界环境对铝合金增材制造过程的影响,同时确保三组试验的外部环境相近。

6.2.2 电信号波形与微观组织分析

在铝合金电弧增材制造试验中，第一层的沉积是增材制造试样的最底层，因此第一层沉积是否平稳尤为重要。图 6-3 所示为试验过程中采集到 d1、d2 和 d3 三组试验中第一层的电流、电压波形。从第一层可以清晰地看出，强脉冲群和弱脉冲群在每个周期内交替出现，并且强、弱脉冲个数比为 8∶8，在电弧电压波形的曲线上没有出现突变现象，都稳定在 22 V 左右，电流波形符合程序的设定值。

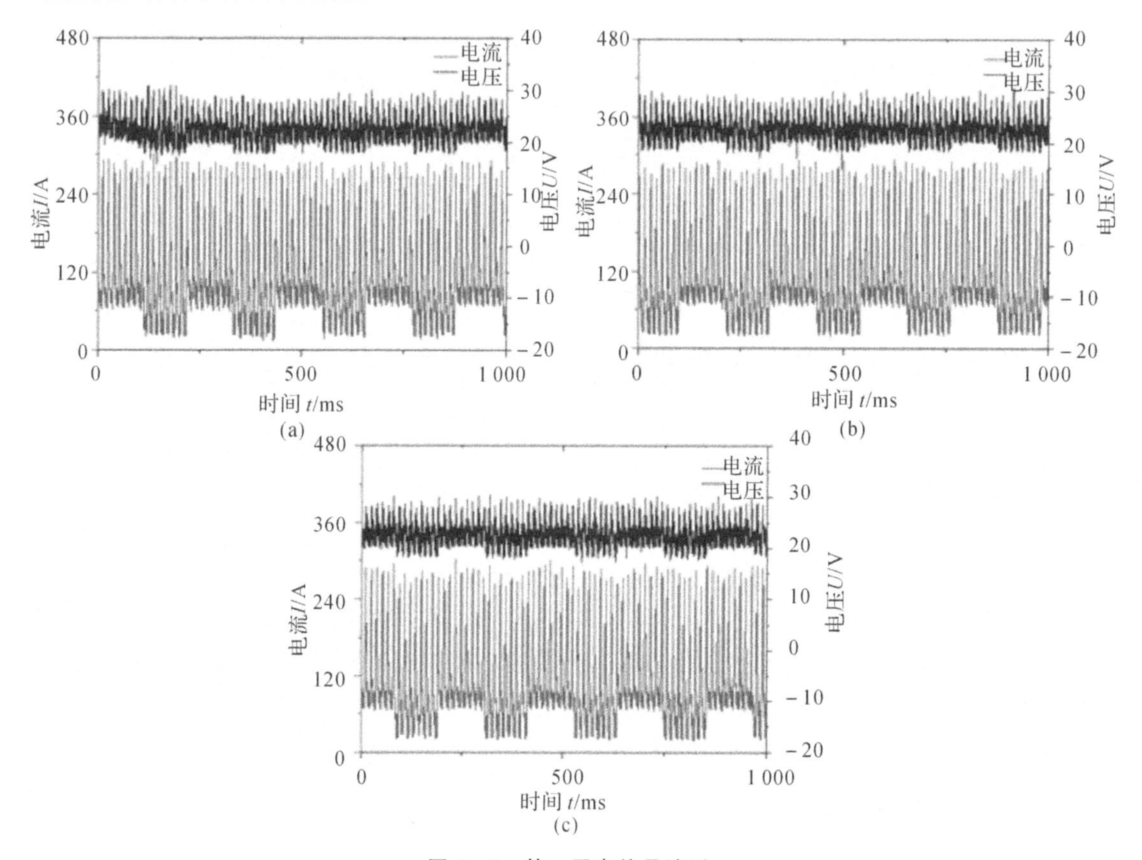

图 6-3 第一层电信号波形

(a)d1 第一层沉积电信号波形； (b)d2 第一层沉积电信号波形； (c)d3 第一层沉积电信号波形

采用前述的评定系统对三组试验的第一、四、七层沉积过程的电弧动态稳定性进行打分评定。表 6-1 为综合得分结果，图 6-4 为三组试验评定结果折线图，三组试验第一层电信号都比较稳定且评分较高，说明每组试验的第一层沉焊过程进行得都比较顺利。但是随着沉积层数的增加，评定得分逐渐降低，说明电弧动态性能开始变得不稳定。同一组试验第一层得分最高，层数增加，得分降低，电弧稳定性降低；对于相同层数沉积过程，层间冷却时间为 90 s 时，得分最高，电弧最稳定。这是由于层间冷却时间越长，底层热量减少得越多，降低了热输入，使得底部环境相对平整，焊枪与底部距离变化相对较小，因此能够保证电信号更加平稳。其中层间冷却时间为 90 s 的第一层得分最高，为 92 分。

表 6-1　试验评定综合得分

试验序号	第一层综合得分	第四层综合得分	第七层综合得分
d1	89	86	67
d2	90	86	80
d3	92	88	81

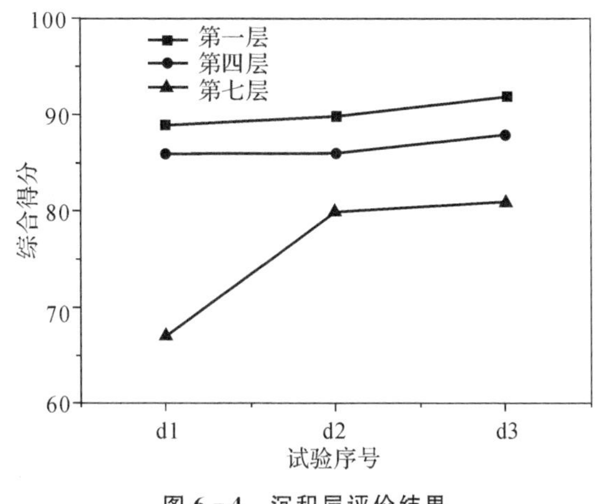

图 6-4　沉积层评价结果

在不同层间冷却时间下的增材制造试验的表面形貌见表 6-2。d1、d2 和 d3 分别对应每层冷却时间为 10 s、50 s 和 90 s 试验得到的铝合金增材制造试件，三组试验表面进行了打磨，表面比较明亮。从三组增材制造试件可以看出，d1 沉积层的层间冷却时间最短，表面有明显的凹陷不平整，d3 沉积层的层间冷却时间最长，表面最为平整。由于低频调制频率是5 Hz，可以看出，最顶层有鱼鳞纹形状，本试验沉积层数均为 12 层。

表 6-2　三组试验沉积形貌

序　号	成形外观
d1	
d2	
d3	

金相试样取样位置如图 6 - 2 所示。比例长度均为 200 μm，平行于沉积方向选取 3 mm×10 mm×10 mm 的方块，将其表面进行打磨。将制备好的金相试样使用 Olympus GX51 光学显微镜进行微观组织观察，图 6 - 5 所示为不同层间冷却时间的增材制造试件的金相微观组织，可以看出 d1 试件微观组织中有一些气孔，图中用圆圈标出，晶粒生长方向比较粗大且排列不规则；而在 d2 试件的微观组织中，只有少量的气孔，晶粒生长方向相对有序；d3 试件微观组织中几乎没有气孔的存在，晶粒生长方向一致且晶粒细小。由于层间冷却时间较长，致密度最好，气孔有足够的时间排出，有利于晶粒的形成与生长。这说明了充足的层间冷却时间是必要的，层间冷却时间会影响到增材试件的微观组织结构，进而对力学性能产生影响。

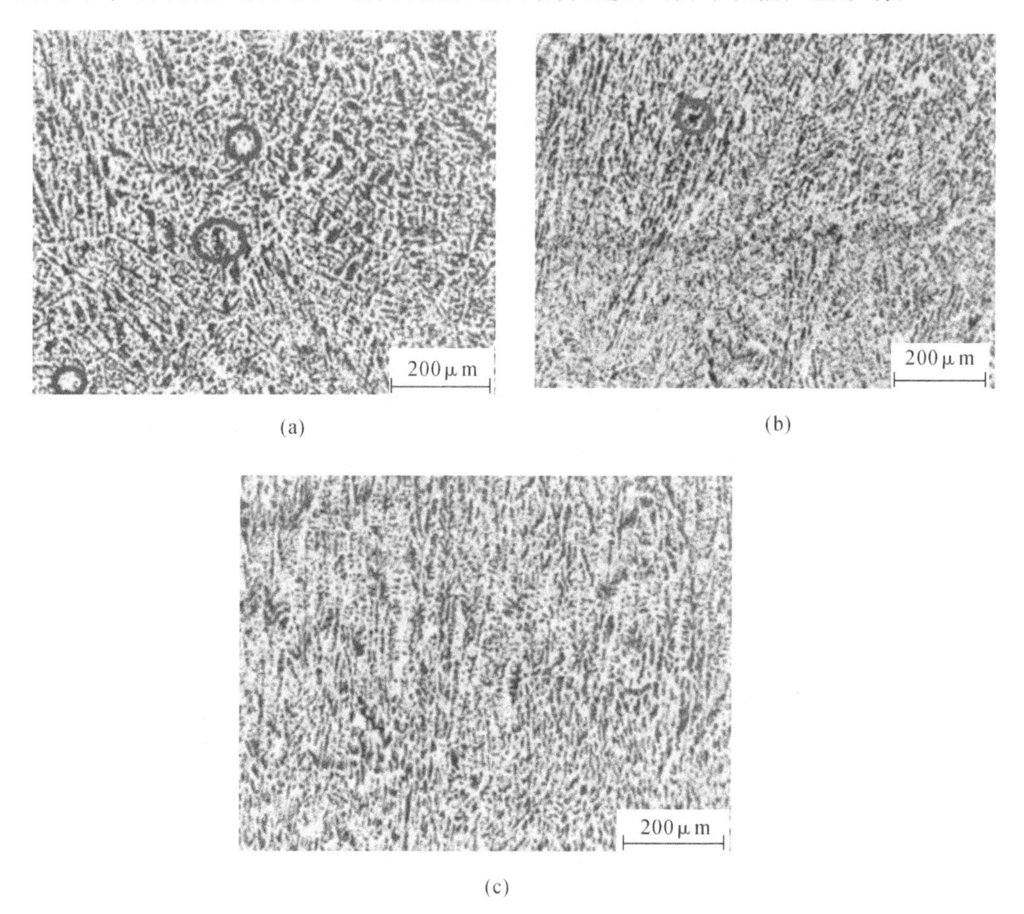

(a)　　(b)

(c)

图 6 - 5　矩形波调制不同层间冷却时间增材制造的金相显微组织

(a)d1 金相微观组织；　(b)d2 金相微观组织；　(c)d3 金相微观组织

6.2.3　层间冷却时间对试件力学性能的影响

在 6.1 节中已经给出了对力学性能测试试样的取样方式，增材制造试件总长度为 200 mm，两端各切除 20 mm，以消除起弧和收弧对试件力学性能的影响。每个增材制造试件按照图 6 - 2 在相同位置选取三个同方向上拉伸样、硬度测试试样。按照《金属材料室温拉伸试验方法》(GB/T 228—2002)，拉伸样尺寸如图 6 - 1 所示，硬度测试试样尺寸如图 6 - 6 所示，等间距的 A、B、C 和 D 四点为测试点，施加载荷为 0.98 N，持续压力时间为 10 s。本节对三组试样的宏观力学性能进行测试，分别进行硬度测试、拉伸测试以及拉伸断口的扫描电镜 SEM 分析。

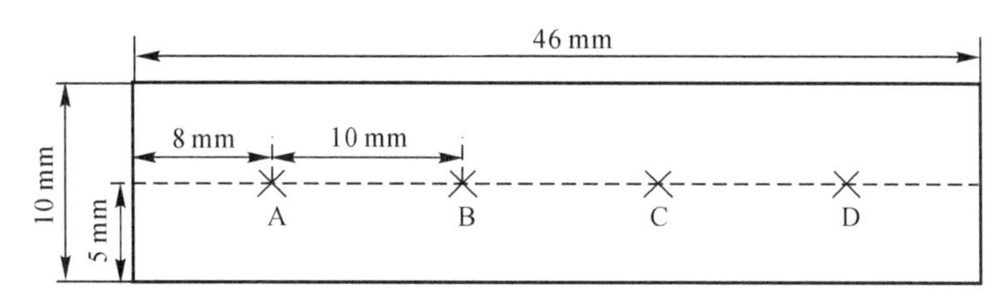

图 6-6　试件硬度测试打点位置及尺寸示意图

使用 VH5 Vickers 维氏仪对三组试样进行维氏硬度测试，图 6-7 为三组试样的 A、B、C 和 D 四点硬度测试结果，d1、d2 和 d3 试件的四个测试点维氏硬度平均值分别为(63.3±1.9) HV、(73.9±2.2) HV 和(75.4±2.3) HV。由图 6-7 也可以看出，d1 试件的硬度普遍偏低，层间冷却时间短，使得试件中存在大量气孔等缺陷；而 d3 试件层间冷却时间最长，四点中维氏硬度最大值为 77 HV，比 d1 试件最大硬度值提高了 16.7%，d2 试件与 d3 试件四点的维氏硬度相差不大，d3 试件中四点维氏硬度平均值比 d2 试件中四点维氏硬度平均值高出1.5 HV，比 d1 试件四点维氏硬度平均值提高 19.1%，这充分说明了足够的层间冷却时间能够提高增材制造试样的硬度。

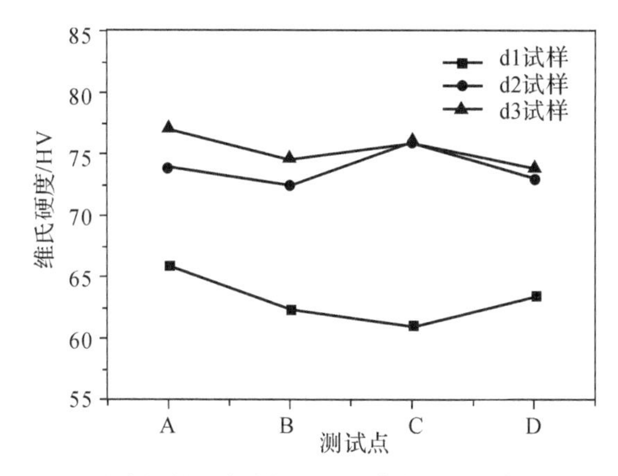

图 6-7　矩形波调制双脉冲焊增材制造试样测试点的维氏硬度值

对三组增材制造试件进行拉伸测试试验，使用 AG-IC 拉伸机对三组试件所制备的拉伸样品进行拉伸测试，每组试件取三个拉伸样结果平均值作为本组拉伸结果，图 6-8 为拉伸曲线与拉伸结果。从拉伸曲线可以明显看出，d1 试件的抗拉强度明显低于其他两组试件，d1、d2 和 d3 三组试件拉伸抗拉强度分别为(157.4±6.2) MPa、(176±6.7) MPa 和(176.5±6.7) MPa，屈服强度分别为(95.2±5.1) MPa、(114±5.5) MPa 和(115.5±5.4) MPa，延伸率分别为 1.95%、2.2%和 2.23%，结果和金相组织观察所得到的结果类似。d1 试件的抗拉硬度最低，与其中含有气孔、晶粒粗大等缺陷有关，进而证明了层间冷却时间的必要性，但是 d2 和 d3 的抗拉强度与屈服强度近似相等，d3 和 d1 相比，抗拉强度提高了 12.1%，屈服强度提高了 21.3%，延伸率比 d1 也有所增加。

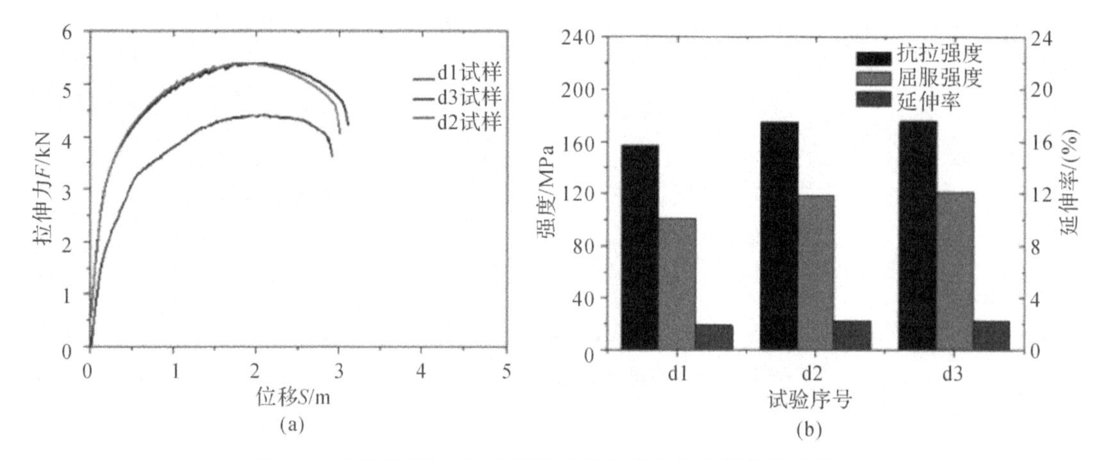

图 6-8　不同层间冷却时间增材制造试件拉伸样的拉伸结果

(a)拉伸曲线；(b)拉伸结果

拉伸测试结束后，使用扫描电镜 SEM 430 对三组拉伸样的断口形貌进行观察分析，图 6-9是不同层间冷却时间的增材制造试件拉伸样的 SEM 断口形貌。可以看出三组试样断口形貌均有大量的凹坑，而 d1 试件凹坑较深，由于 d1 试件冷却不均匀而造成韧性低于其他两组试件韧性；三组试件断口处均出现撕裂的痕迹，并且都有一些小的晶粒，而这些晶粒有助于增强拉伸样的抗拉强度，这说明了铝合金增材制造试件断口均为韧性断裂，也验证了铝合金具有良好的塑性成形性能。

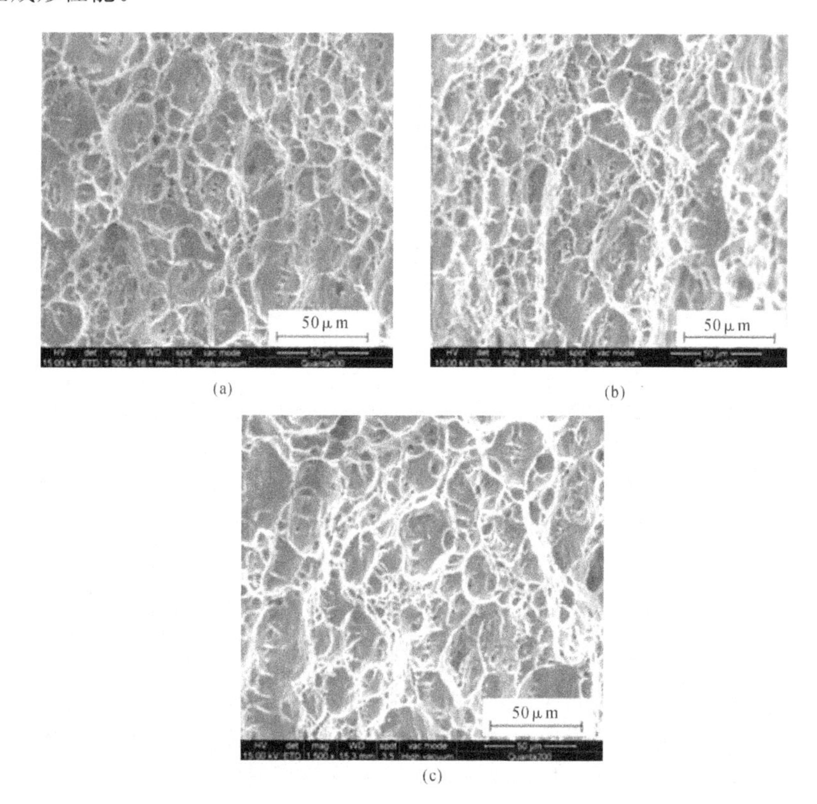

图 6-9　矩形波调制增材制造试件拉伸断口的扫描电镜形貌

(a) d1 拉伸样断口形貌；(b)d2 拉伸样断口形貌；(c)d3 拉伸样断口形貌

试验结果表明，随着层间冷却时间的增大，微观组织晶粒越细小其力学性能越好。但 d2 试件和 d3 试件的组织和力学性能相差不大，考虑到增材制造的效率问题，综合分析后选择 d2 较为合适，即层间冷却时间为 50 s 是比较合适的。

6.3　梯形波调制双脉冲焊增材制造试验

在 6.2 节中对矩形波调制双脉冲焊进行了增材制造试验，分析了层间冷却时间为 10 s、50 s和 90 s 对增材制造试件的影响，本节将使用梯形波调制双脉冲焊进行增材制造试验，研究层间冷却时间对增材制造试件的影响，并与矩形波调制作对比。

6.3.1　梯形波调制双脉冲焊增材试验结果分析

使用矩形波调制双脉冲焊进行增材制造试验，由强脉冲群向弱脉冲群过渡和由弱脉冲群向强脉冲群过渡时，基值电流会出现突变现象，对底部的沉积层造成冲击影响，从而影响增材试件的性能。本节主要研究在梯形波调制双脉冲焊增材制造试验。

梯形波调制双脉冲焊的原理图在前面章节已经详细介绍，本节试验中的平均焊接电流为 90 A，低频调制频率为 5 Hz，设计 d4、d5 和 d6 三组试验分别对应每层沉积的冷却时间为10 s、50 s 和 90 s，其他条件不变。图 6-10 是 d4、d5 和 d6 三组试验第一层沉积过程中采集到的电信号波形，电压维持在 22 V 左右，电流信号包络形状显示为梯形波，符合程序的设定值，电弧电压比较稳定。

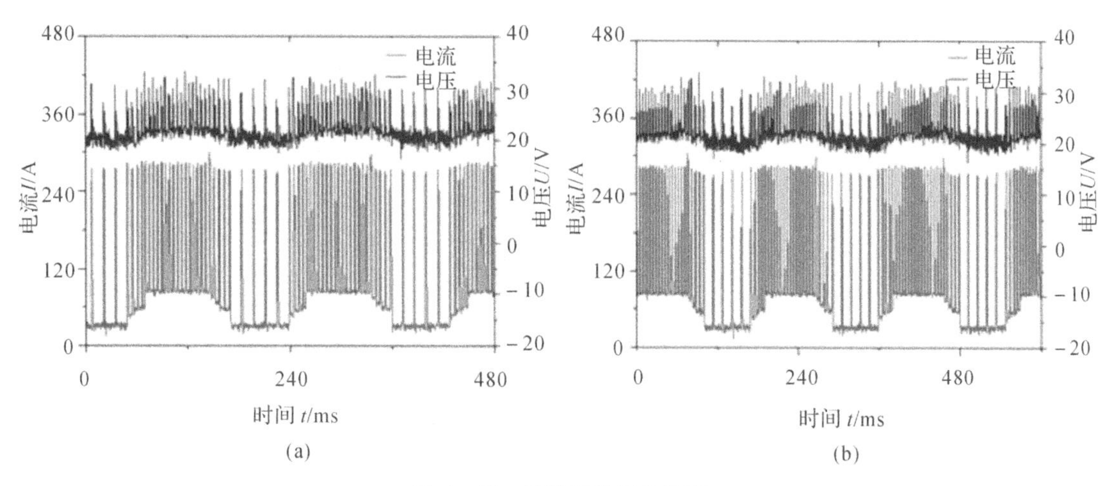

图 6-10　沉积层电信号波形

(a)d4 第一层沉积电信号波形；(b)d5 第一层沉积电信号波形

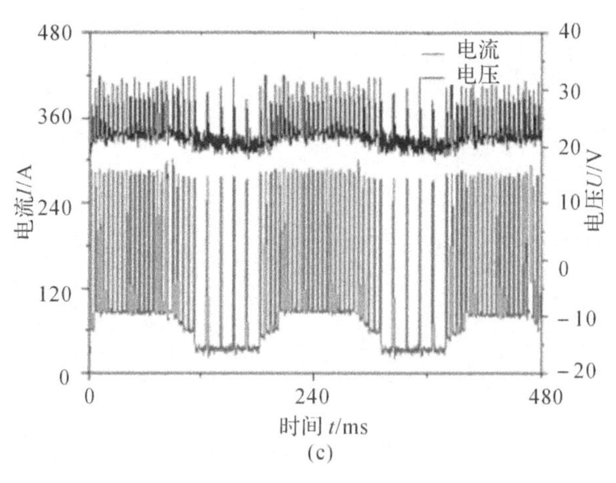

续图 6-10　沉积层电信号波形

(c)d6 第一层沉积电信号波形

采用评分系统对电弧动态稳定性进行进一步分析，表 6-3 为 d4、d5、d6 三组试验的第一层、第四层、第七层沉积过程的综合得分，图 6-11 为三组试验得到的沉积层评价结果。可以得出梯形波调制的三组增材制造试验第一层的沉积过程均比较稳定，评价得分相对其他组较高。在同一组试验中，随着层数的增加，得分在降低，这说明了电弧稳定性在下降。在不同层间冷却时间沉积的试验中，d6 比 d5 同层得分高，d5 比 d4 同层得分高，这说明了层间冷却时间越久，越有利于电弧的稳定，增材试件的热输入则越小，有利于晶粒细化，使得增材试件表面越平整。

表 6-3　试验评定综合得分

试验序号	第一层综合得分	第四层综合得分	第七层综合得分
d4	86	77	72
d5	89	80	76
d6	87	82	78

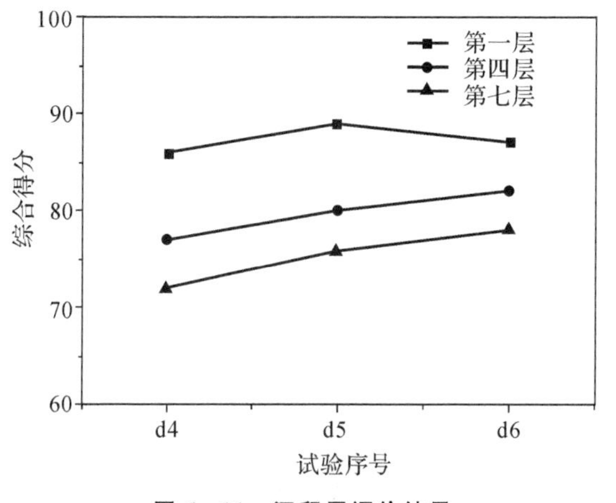

图 6-11　沉积层评价结果

表 6 - 4 给出了梯形波调制双脉冲焊铝合金增材制造三组试件的表面形貌，可以看出 d4 试件外观凹凸不平，而 d5 和 d6 试件外观形貌相差不大并且比较齐平，顶部可以看出有鱼鳞纹形状，试件都有流淌的现象发生，造成沉积高度不高。

表 6 - 4　三组试验沉积形貌

序　号	成形外观
d4	
d5	
d6	

将制备好的金相试样使用 Olympus GX51 光学显微镜进行微观组织观察，图 6 - 12 为梯形波调制不同层间冷却时间双脉冲焊增材制造试件的显微组织，比例长度为 200 μm，d4 金相微观组织晶粒较为粗大，并有少量气孔缺陷，d5 和 d6 微观组织几乎没有气孔，d6 金相微观组织晶粒最为细小。

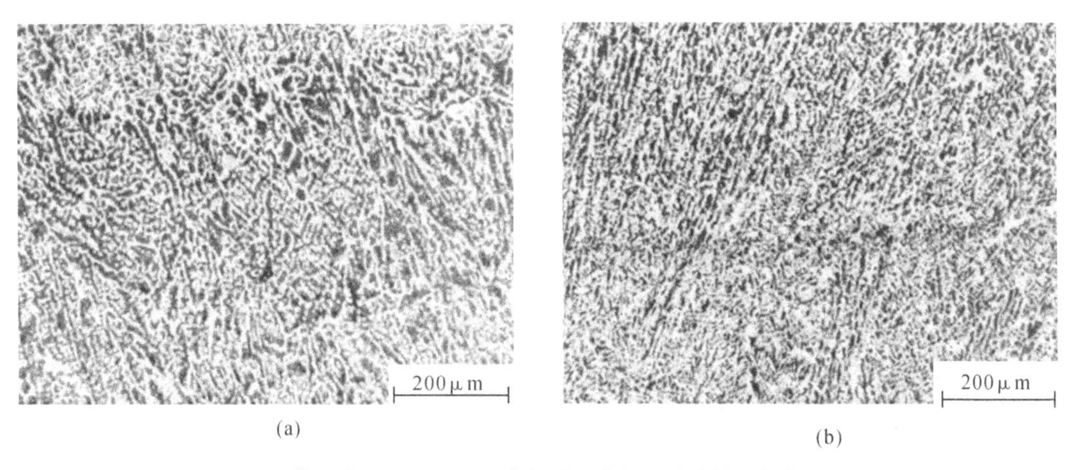

(a)　(b)

图 6 - 12　梯形波调制不同层间冷却时间增材制造试件金相的显微组织

(a)d4 金相微观组织；　(b)d5 金相微观组织

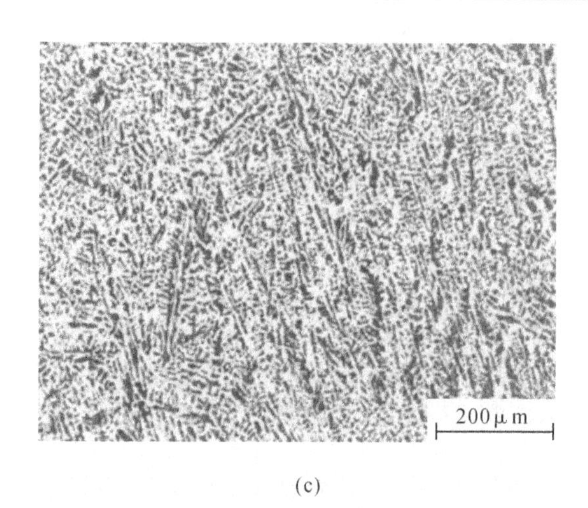

(c)

续图 6-12 梯形波调制不同层间冷却时间增材制造试件金相的显微组织

(c)d6 金相微观组织

将 d4、d5 和 d6 三组硬度测试试件按照 6.2.3 节硬度测试方法进行打点，使用 VH5 Vickers 维氏仪进行硬度测试，测试结果如图 6-13 所示。

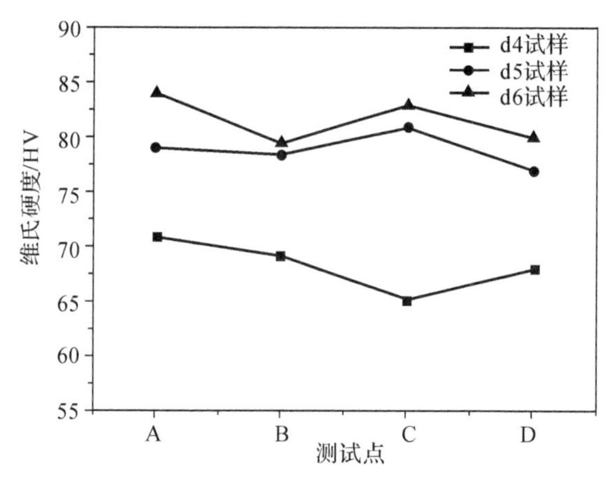

图 6-13 梯形波调制双脉冲焊增材制造试样测试点的维氏硬度值

图 6-13 表明 d4 试件维氏硬度值点都在最下方，最小值 C 点维氏硬度值仅为(61±1.8) HV，d6 试件中四个测试点的维氏硬度值都处在相同测试点的最大值，最大维氏硬度值点为 A 点，为(77±2.5) HV；d4、d5 和 d6 四个测试点维氏硬度平均值分别为(63.25±2.1) HV、(73.88±2.3) HV 和(75.4±2.3) HV；d6 测试点维氏硬度平均值比 d4 测试点维氏硬度平均值提高了 19.2%，d5 测试点维氏硬度平均值比 d4 测试点维氏硬度平均值提高了 16.8%；d5 和 d6 测试点硬度平均值相差不大，这说明了足够的层间冷却时间可以改善微观组织结构，进而提高增材试件的硬度值。

对使用 AG-IC 拉伸机对梯形波调制双脉冲焊得到的三组拉伸样品进行拉伸测试，其抗拉强度、屈服强度与延伸率如图 6-14 所示。d4、d5 和 d6 三组试件拉伸抗拉强度分别为(157.5±6.5) MPa、(178.4±6.9) MPa 和(179.5±6.8) MPa，屈服强度分别为(95.5±5.5) MPa、(115.4±5.6) MPa 和(117.2±5.6) MPa，延伸率分别为 1.96%、2.23%和2.25%。d6

组试件的抗拉强度与屈服强度高于其他两组，而 d5 组试件的抗拉强度和屈服强度高于 d4 组的，说明层间冷却时间越长，拉伸强度越高。d6 和 d4 相比，抗拉强度提高了14.0%，屈服强度提高了 22.7%，延伸率相对于 d4 也有所增加，d5 和 d4 相比，抗拉强度提高了 13.3%，屈服强度提高了 20.8%，d5 和 d6 的抗拉强度与屈服强度以及延伸率近似相等。

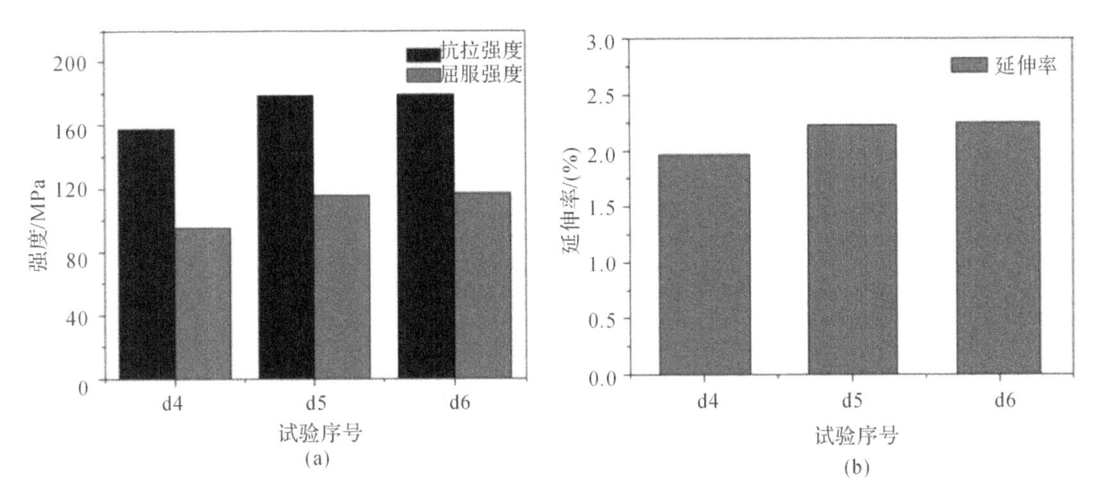

图 6-14　不同层间冷却时间增材制造试件拉伸样的拉伸结果

(a)抗拉强度与屈服强度；(b)延伸率

使用 SEM 430 对 d4、d5 和 d6 试件的拉伸断口形貌进行观察与分析，如图 6-15 所示。从图 6-15 中可以看出 d4 试件的 SEM 扫描断口形貌中韧窝较深且比较大。d5 和 d6 试件的断口形貌韧窝比较多且较浅，由 Hall-Petch 方程可以知道，合金材料中细小晶粒有助于提高抗拉强度。因此，d5 和 d6 试件的抗拉强度较大，由于层间冷却时间增加，故持续热输入降低，有利于晶粒生成。

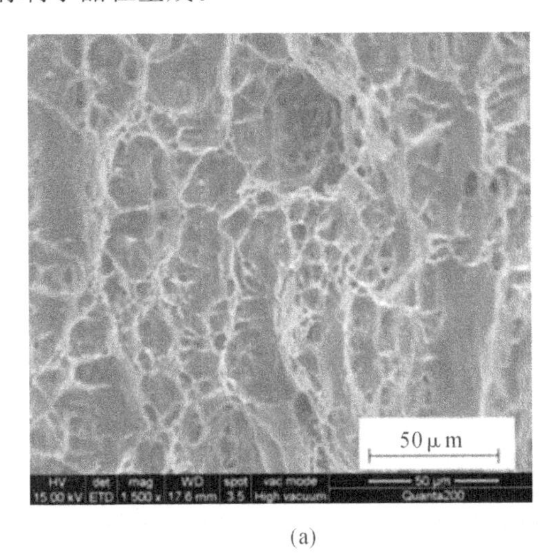

(a)

(b)

图 6-15　梯形波调制增材制造试件拉伸断口的扫描电镜形貌

(a)d4 拉伸样断口形貌；(b)d5 拉伸样断口形貌

(c)

续图 6-15 梯形波调制增材制造试件拉伸断口的扫描电镜形貌

(c)d6 拉伸样断口形貌

6.3.2 两种波形调制增材制造试验对比分析

两种波形调制双脉冲焊的铝合金增材制造试验参数都选取第 4 章焊接试验的最优参数，在相同的外部环境下第一层的沉积中，电弧的评定得分都比较高，这说明两种波形调制增材制造试验中第一层沉积电弧动态稳定性都比较稳定。

在矩形波调制铝合金增材制造试件中，通过对试件的力学性能测试发现，随着层间冷却时间的延长，A、B、C、D 测试点的维氏硬度值增加较多，其中层间冷却时间为 90 s 时，四个测试点维氏硬度平均值比层间冷却时间为 10 s 时，四个测试点维氏硬度平均值提高了 19.1%，拉伸强度提高了 12.1%。在梯形波调制双脉冲焊铝合金增材制造试验中，A、B、C 和 D 测试点的维氏硬度值也随着层间冷却时间的增加而增加，层间冷却时间为 90 s 时，四个测试点维氏硬度平均值比层间冷却时间为 10 s 时四个测试点维氏硬度平均值提高了 19.2%，拉伸强度提高了 14%。这说明了层间冷却时间越长，对力学性能的改善越有益。

两种波形调制双脉冲焊得到的增材制造试件测试点维氏硬度结果如图 6-16 所示。其中 d1 和 d4、d2 和 d5、d3 和 d6 试件层间冷却时间分别是 10 s、50 s 和 90 s，在同一种波形调制中，层间冷却时间越大，测试点维氏硬度平均值越大。d5 和 d6 的 B 测试点维氏硬度值出现 d5 比 d6 大的情况，但是总体来看，层间冷却时间越久越有利于试件硬度值的提高。而对于相同的层间冷却时间，梯形波调制双脉冲焊试件测试点的维氏硬度值均比矩形波调制双脉冲焊试件测试点维氏硬度值高，这说明了梯形波调制双脉冲焊有利于晶粒细化和提高试件硬度值。

两种波形调制双脉冲焊得到的铝合金增材制造试件拉伸结果对比如图 6-17 所示。在同一种波形调制下，层间冷却时间越大，拉伸样的抗拉强度、屈服强度和延伸率越大。对于相同的层间冷却时间，图 6-17(a)中梯形波调制双脉冲焊得到的铝合金增材制造试件具有更大的抗拉强度，层间冷却时间为 90 s 时，梯形波调制得到拉伸样的抗拉强度比矩形波调制得到拉伸样的抗拉强度提高了 3 MPa。图 6－17(b)(c)中的屈服强度和延伸率在梯形波调制中的值也较高，这说明了梯形波调制双脉冲焊比矩形波调制双脉冲焊更能改善增材制造的组织性能。

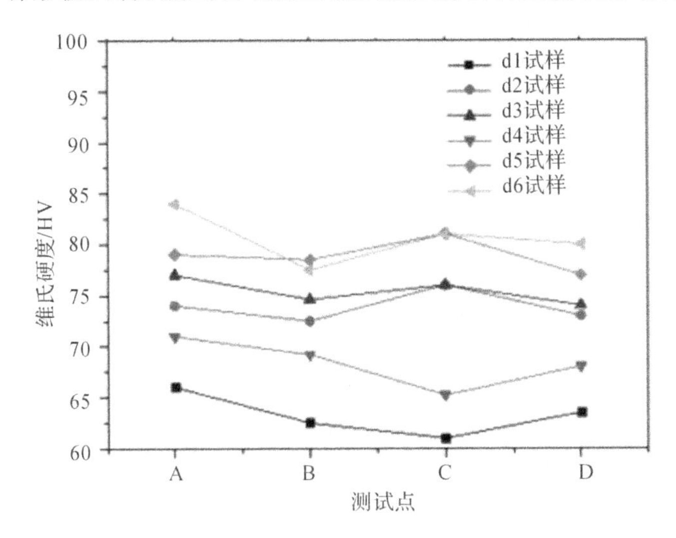

图 6－16 矩形波调制与梯形波调制双脉冲焊沉积试件硬度对比

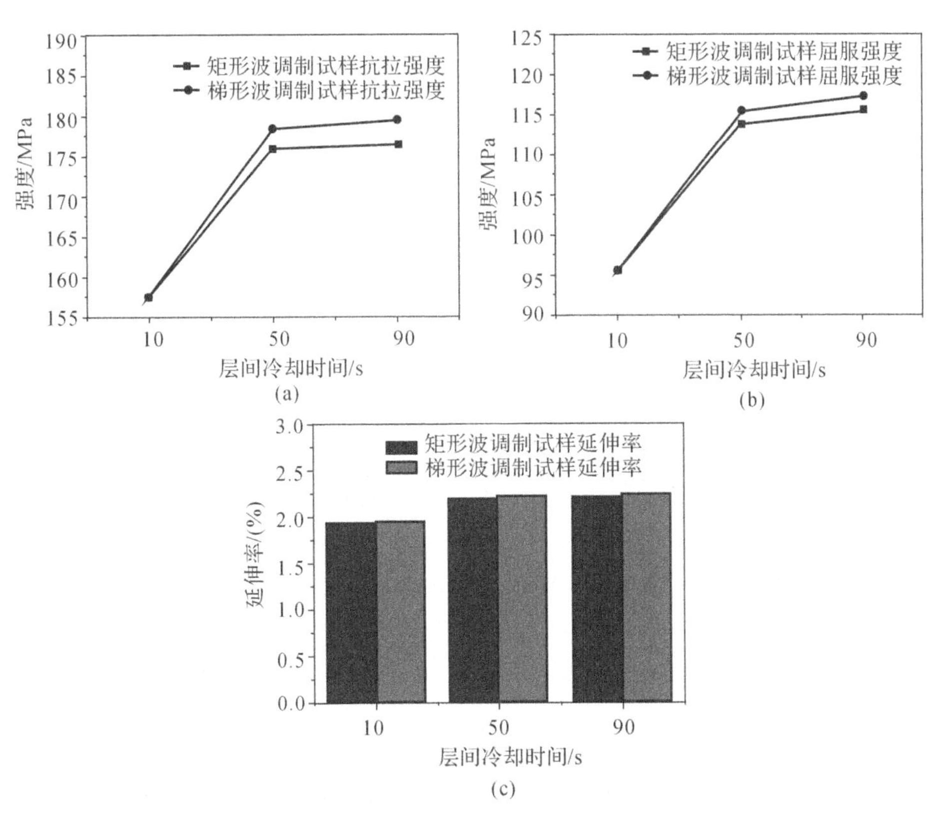

图 6－17 矩形波调制与梯形波调制双脉冲焊沉积试件拉伸结果对比

(a)抗拉强度； (b)屈服强度； (c) 延伸率

参考文献

[1] PAL K, BHATTACHARYA S, PAL S K. Investigation on arc sound and metal transfer modes for on - line monitoring in pulsed gas metal arc welding [J]. Journal of Materials Processing Technology, 2010, 210(10):1397 - 1410.

[2] MAGISETTY R P, CHEEKURAMELLI N S. Additive manufacturing technology empowered complex electromechanical energy conversion devices and transformers [J]. Applied Materials Today, 2019, 14(3):35 - 50.

[3] WIMPENNY D I, PANDEY P M, KUMAR L J. Advances in 3D printing & additive manufacturing technologies [M]. Singapore:Springer, 2017.

[4] DING J, COLEGROVE P, MEHNEN J, et al. A computationally efficient finite element model of wire and arc additive manufacture [J]. The International Journal of Advanced Manufacturing Technology, 2014, 70(1):227 - 236.

[5] 卢秉恒,李涤尘.增材制造(3d 打印)技术发展[J].机械制造与自动化, 2013, 42(4): 7 - 10.

[6] GUO N, FU Y L, WANG Y P, et al. Effects of welding velocity on metal transfer mode and weld morphology in underwater flux - cored wire welding[J]. Journal of Materials Processing Technology, 2017, 239(1):103 - 112.

[7] HAGENLOCHER C, WELLER D, WEBER R, et al. Analytical description of the influence of the welding parameters on the hot cracking susceptibility of laser beam welds in aluminum alloys[J]. Metallurgical and Materials Transactions, 2019, 50 (11):5174 - 5180.

[8] BARTOLAI J, SRIDHARAN N, XIE R X, et al. Predicting strength of additively manufactured thermoplastic polymer parts produced using material extrusion [J]. Rapid Prototyping Journal, 2018, 24(2):321 - 332.

[9] KHALILABAD M M, ZEDAN Y, TEXIER D, et al. Effect of tool geometry and welding speed on mechanical properties of dissimilar AA2198 - AA2024 FSWed joint [J]. Journal of Manufacturing Processes, 2018, 34(8):86 - 95.

[10] HESTER M W, USHER J M. Recycling welding rod residuals based on development of a top - down nanomanufacturing system employing indexing equal channel angular pressing [J]. The International Journal of Advanced Manufacturing Technology, 2018, 94(1):1087 - 1099.

[11] ZHANG C, LI Y, GAO M, et al. Wire arc additive manufacturing of al - 6mg alloy using variable polarity cold metal transfer arc as power source [J]. Materials Science and Engineering:A, 2018, 711(1):415 - 423.

[12] WANG L, SUO Y, LIANG Z, et al. Effect of titanium powder on microstructure and mechanical properties of wire plus arc additively manufactured Al - Mg alloy [J].

Materials Letters, 2019, 241(4):231 - 234.

[13] TRUBY R L, LEWIS J A. Printing soft matter in three dimensions [J]. Nature, 2016, 540(7633):371 - 378.

[14] ZHANG C, GAO M, ZENG X. Workpiece vibration augmented wire arc additive manufacturing of high strength aluminum alloy[J]. Journal of Materials Processing Technology, 2019, 271(9):85 - 92.

[15] 肖文磊,李志豪,马国财,等.铝合金电弧增材制造成形质量研究[J].机械制造文摘(焊接分册),2019(1):22 - 26.

[16] ZHU Y Z, WANG S Z, LI B L, et al. Grain growth and microstructure evolution based mechanical property predicted by a modified Hall - Petch equation in hot worked Ni76Cr19AlTiCo alloy [J]. Materials & Design, 2014, 55(3):456 - 462.